小米
——智慧型手機與中國夢

LITTLE RICE

SMARTPHONE, XIAOMI, AND THE CHINESE DREAM

目錄

6 **第一章：智慧型手機**

手機，如同一個經濟指數，它的售價能夠告訴我們這個國家相對的經濟強弱，就如同經濟學人所發明的大麥克指數（Big Mac Index）。不只如此，因為手機特殊的屬性，我們也能由此看出用戶對自由的需求，以及政府對控制的要求。

20 **第二章：網際網路**

「如果中國不能改變網路，網路將改變中國。」抱著這樣的信念，中國讓網路資訊的流動，變得像人民在國際間移動時一樣，必須經過申請與審查，徹底改變網際網路的「自由」。

34 **第三章：小米**

「領先用戶創新」（lead user innovation）是善用群眾智慧的一種方式。小米將「領先用戶」（狂熱粉絲）帶入手機世界：有1/3的小米系統功能是來自於這些用戶要求，所以小米創辦人經常說，用戶是小米的共同設計者。

60 **第四章：世界工廠、世界市場**

從鄧小平為中國改革開放揭起序幕起這四十年來，中國有幾億人已經擺脫貧困，讓中國不僅是世界第一大生產國，也成為越來越多產品的世界第一大消費者。正如美國在1800年代的發現，具有強勁的本地需求，能為原本出口導向的經濟，提供某種程度的穩定力量。

70 **第五章：中國蘋果**

小米被大家稱為「中國蘋果」，這個形容詞意味著小米的設計技術高超，同時也嘲笑小米抄襲。小米創辦人兼執行者雷軍，有時會被戲稱為雷伯斯（賈伯斯慣上雷姓）。雷軍自己認為，相較於蘋果電腦，小米在精神上反而與Amazon或Google比較接近。

94 **第六章：自造者運動**

自造者運動近期在美國成為新潮流，以反主流文化對立態度的複雜情節出現。相較於此，中國的自造者運動毫無懷舊情懷，因為這個國家知道如何製造物品，只不過是不久前的事情，因為便宜的緣故。

106 **第七章：中國夢**

中國提供人民一個希望，這也是大多數國家的人民始終想要的事：一種生活越來越好的感受。中國夢的另一個部分是，個人的成功與國家的成功之間的聯繫。在中國的許多地方，是最重要的部分。

122 **第八章：山寨之王小米飽受山寨之苦**

模仿是最真誠的奉承，但卻讓被模仿者的營收受損。廉價市場絕不會是蘋果的目標市場，但小米提供高品質和適中價位的能力，已經向其他銷售Android手機的公司顯示出，他們可以複製小米的模式。以更低的價格提供更好的硬體與軟體，這場競爭讓蘋果更難進入這個中階市場。

148 **延伸閱讀**

154 **參考文獻**

1 智慧型手機

手機，如同一個經濟指數，它的售價能夠告訴我們這個國家相對的經濟強弱，就如同經濟學人所發明的大麥克指數（Big Mac Index）。不只如此，因為手機特殊的屬性，我們也能由此看出用戶對自由的需求，以及政府對控制的要求。

Little Rice

Smartphone, Xiaomi, and the Chinese dream

幾年前，我在紐約大學上海校區工作，搭地鐵時迷路了。身為道地的紐約人，要讓我覺得自己是個鄉巴佬，可不容易。但在人口為紐約三倍的上海，真讓我覺得自己是個鄉巴佬。即便上海地鐵系統有規劃完善的英文指示，我還是下錯站。我下車時沒發現自己下錯站，因為地鐵車站進入一個購物中心，跟我打算下車那站看起來很像。況且，上海有許多購物中心，今年要興建的購物中心，零售面積就高達三十六萬平方英呎。購物中心多到讓人目不暇給，也分不清楚。

我穿過一條條走廊和一間間商店，覺得眼花繚亂。業者故意建造這種如迷宮般的購物商場，讓人駐足停留，我也不例外。我放慢腳步，開始四處看看。我注意到一個賣手機的攤位，那可是我當時剛好需要的配備。我看到一支手機特別漂亮，全黑機身加圓弧邊框又很有時尚感，手機上標示著Mi3（小米3）。我認為小米3應該是很不錯的手機，所以我跟沒有共同語言溝通的商家比手劃腳好一陣子。十分鐘後，我有手機可以用了。

像我這種中年大叔做什麼也不像十八歲小伙子那樣趕潮流，但是小米3

卻讓我跟上潮流了。小米3到手後那幾天，我在校園裡每次拿起手機處理事情時，就有中國學生會問：「你在哪兒買到那支手機？」而不是問：「那是什麼品牌的手機？」他們都認得小米3。小米3是小米手機的超夯機型，推出後就供不應求，我碰巧買到這麼熱賣的手機。由於小米科技（簡稱小米）的產量一直無法應付需求，讓我暫時受到青少年投以羨慕的眼光（這是我從沒有過，以後也不曾有過的感受）。

小米（Xiaomi，第一個音節發音類似「shower」的「show」，第二音節發音像「me」）。這家公司將許多西方人認為不存在的事物集結於一身，譬如：小米設計產品，而且產品不僅在中國製造，還在中國設計，而且設計相當精美。幾十年來，中國製造的產品一直遭人詬病說：「哦，中國當然可以生產很多便宜的山寨品，但他們無法設計新產品。」過去四十年，中國開放各國企業進駐，國內廠商已經精通日漸複雜的採購，以及日益複雜產品的組裝，尤其是電子產品。（iPhone的包裝盒上或許標示出：「加州設計」，但手機卻是在深圳製造。）

看到中國如此巧妙在產品品質上提升的人心裡不免納悶：「中國設計何時能跟全球其他競爭對手匹敵？」小米3的出現就表明了，至少在電子產品這方面，這問題的答案就是「二〇一三年」。因為高品質和中等價位（雖然小米3比大多數智慧型手機更貴，但是二千人民幣（約為三百三十美元）的價格，比功能類似要價約四百美元的三星（Samsung）手機便宜，也比要價超過五百美元的iPhone便宜得多。但這些只是採購和組裝上的優點，除此之外，小米3還有美型機這個優點。

所有智慧型手機都是黑色玻璃面板，機身上有三或四個按鍵，所以手機設計通常以這幾項要素重新排列為主。小米3的極簡風是透過讓螢幕畫面從左邊框延伸到右邊框，做出看似更薄型的手機。小米先前推出的許多手機，以及最令人驚豔的小米3，都採用圓弧邊框，讓人產生一種邊框與螢幕為不同平面的視覺效果。這招當然是高招，但是如果機殼不能超出螢幕，成本就無法壓低。不過，小米這招確實巧妙，更重要是，這表示小米內部人士細心思考到，一支優質手機會長什麼模樣。

手機是人類眾多發明中的一項，這項工具重要到被人們視為理所當然，我們無法想像沒有手機該怎麼過活。手機是全球成人人口（和大多數孩童）都想要的東西，也促進全球通信量的穩定成長，從自拍到合約協商都非它不可。研究全球手機使用的人種誌學者詹恩·奇普切斯（Jan Chipchase）指出，人們不管住在哪裡，只會隨身攜帶三樣個人物品。前兩樣是錢和鑰匙，第三樣是手機，使得手機成為三千年來，新增到這個簡短清單上的第一項發明。

一九七〇年代末期，手機在日本問世後，就成為有史以來最迅速普及的消費性硬體產品，普及速度快過汽車或家用電話，甚至比電視更快普及。由於個別線路不必安裝到個人住處，加上手機成本跟使用者分攤，因此手機部署比家用電話固網部署要便宜得多，因此通常能連結到以往從來沒有類似連結的人口。美國青少年長久以來堅決認為，沒有手機就活不下去，但是這句話在開發中國家可是千真萬確。在那裡，手機取得的資訊可能對生活品質產生深遠的影響，譬如說：肯亞的漁民用手機得知可以把漁獲賣到哪裡，印度的父母用手機找到其他城鎮的醫生幫小孩看病。對於已有固網電話的人來說，手機是一項更重大的一項進步，但是對於先前連電話都沒用過的人來說，手機簡直是一個巨大的進步。

現在，在所謂電信密度（teledensity）上的這種戲劇性變化，幾乎普世皆然。手機用戶數在去年已突破四十五億。加上很多人使用兩個門號（一個門號算一個用戶），因此手機用戶數已超過全球總人口數。在撒哈拉以南的非洲地區，二〇一四年的手機普及率是六六％，也就是當地每三人有二位用戶，手機網路的遍佈程度甚至超越電力網路。因此手機車用充電服務，這種小生意就大行其道。至於重債窮國（Heavily Indebted Poor Countries，簡稱HIPC）的手機普及率也緊追在後，普及率也高達五八％，也就是在這種勉強可以運作的經濟體中，每五人有三位用戶。同時，手機普及率最低的國家，不是因為經濟狀況太差，而是因為強權政治。北韓、緬甸、厄立特里亞和古巴，是唯一人口眾多，但手機使用率不到二五%的國家。至於沒有受到國家直接打壓而無法使用手機的世界公民們，則是以狂熱的速度接受手機這種新玩意。

這麼多手機總要有地方生產，而那個地方就是中國（跟現在大多數物品都在中國製造的情況一樣）。在中國生產的所有物品中，有些很有文化特質足以抵抗出口，比方說：毛主席半身像的國外市場就不比中國市場來得大。其他產品就普世皆然，5毫米的螺絲釘或Hello Kitty鉛筆，並沒有特定國家版本。不過，在只有中國賣得好的產品跟可賣到任何國家的產品之間，還存在著也為中國市場製造，也可能出口銷往全球市場的產品。手機就跨越這道鴻溝。

沒錯，大多數手機是在中國製造，其中有些是為了中國市場而製造。有廉價的仿冒品，有部分是沿襲中國山寨製造的慣例。「山寨」意指自行生產物品的山村，用以比喻廉價和方便的生產方式，包括比較不在乎專利和商標。有些山寨手機只是價格便宜卻幾乎沒有什麼功能，有些則是故意仿冒高價精品手機（至少從某個距離來看無法辨別真偽）。在我工作的上海寶山路電子產品露天市場，這些仿冒品有幾十種版本。三星手機最受山寨業者的青睞，仿冒手機的商標假以亂真，譬如San Song和Svmsmvg。這些手機主要是在國內市場銷售，不管是Svmsmvg手機或San Song手機，在中國以外的市場都不可能有什麼賣相。賣便宜手機的業者都各出奇招，幾年前肯亞人就賣歐巴馬品牌的手機，但這種策略當然不適用於所有市場。

有些手機專門為東亞市場設計，風行全球的Oppo自拍桿就是這地區製造的。Oppo這家公司生產的手機，主要賣點包括：高品質相機功能和客製化軟體，能為照片中的每張臉自動美顏。Oppo手機的廣告強調女人味的特別表演形式，因為手機軟體功能超強，把所有入鏡者都拍得唇紅齒白，膚若凝脂，讓人猜不不出性別。儘管Oppo手機在泰國和韓國熱賣，但在東亞以外的市場卻沒有引起太多注意。在美國開賣也遭遇挫敗。

換句話說，一直以來手機只是中國的另一項出口商品，廉價手機就以最低成本賣給消費力較低的市場，要賣給全球日益龐大的富有消費者的高價手機，就在首爾或聖荷西等其他地方設計。這種模式讓蘋果公司在手機外盒包裝加註「加州設計」這行字。打從英國在一八〇〇年代把中國南方變成自家工廠以來，「他處設計，此地製造」這種模式就成為中國的常態，但現在情況開始轉變。一些中國企業正朝向一切由當地自己做的目標前進，努力自創手機，讓「中國設計」代表品質，不是山寨。（索尼〔Sony〕在一九七〇年代時也走過相同的路。當時，索尼創辦人決定要為「日本製造」意謂品質不佳而雪恥。）在這些設計導向的新公司中，小米是最成功的代表，現在也是全球最重要的手機製造商之一。小米是中國第一家能在全球市場競爭並獲致成功的手機製造商，而且不僅僅價格有競爭力，就連在設計和服務等方面的創新都有競爭力。

小米的全名是小米科技，但大家都只用小米稱之，不像蘋果公司早期還被稱為蘋果電腦。（「小米和蘋果之間的相似之處」是小米被人不斷討論的話題之一，也是小米創辦人梗梗於懷的一個痛處。）小米的中文意思是中國生產的一種糧食作物。糧食這個主題成為小米品牌的宣傳手法，目前小米較低階的平價手機就稱為「紅米」，紅米本身就是比小米更便宜的穀物。這也讓人回想起文化大革命時的口號「備戰、備荒、為人民」，意指願意為人民捱餓的軍隊。

二〇一〇年時，具有個人魅力且創業經驗十足的電腦科學家雷軍，在北京創辦小米科技。現年四十多歲的雷軍在五年內已帶領小米完成許多創舉。就算只看銷售數字，小米也連續破記錄。在這麼短的期間內，小米已經從專注製造新手機界面的新創公司，迅速壯大到二〇一四年打敗三星，在世界最大市場奪下手機供應商龍頭寶座。小米的產品在中國大受歡迎，讓這家公司只賣自家產品，卻能躍升為中國第三大電子商務公司，僅次於銷售不同商家產品的交易網站阿里巴巴和JD.com，並超越中國亞馬遜網站Amazon.cn。

當小米日漸瞄準國際市場，原本的名字卻成為一項負債，因為英語人士遇到「X」字母開頭的字，根本唸不出來。因此，小米改變本身的公眾形象，強調「Mi」為其品牌，包括去年以三十六億美元買下Mi.com這個網址，這是在中國史上最昂貴的官網域名收購案之一。（小米的早期投資人劉芹回想這次收購案還心有餘悸，因為他從一開始就支持小米這個名稱，而這卻是小米前進全球市場途中，犯下的少數失誤之一。）小米表示，Mi讓人聯想到「我」（Me），以及行動介面和電影《不可能的任務》（*Mission Impossible*，簡稱MI）。小米手機的熱愛者就稱為「米粉」（Mi Fans）。事實上，自從《蘿莉塔》（*Lolita*）小說問世後，還沒看過只憑幾個字就能玩出這麼多花樣的文字遊戲。

十一月十一日，也就是雙十一，是大陸的光棍節。二〇一四年時，光棍節已是全球線上購物單日成交金額最高的節日。由阿里巴巴經營，跟eBay服務類似，但規模龐大許多的淘寶網站，在二〇一四年光棍節當天，就賣出將近一百九十萬支手機，其中有一百二十萬支是小米手機。同年，在中國每八支Android手機，就有五支是小米手機。二〇一五年年初，小米推出「平板手機」（介於手機與平板之間的大螢幕手機），名為小米Note（Mi Note），售價為人民幣二千三百元（約為四百四十二美元），比當時要價超過六百美元的三星S5便宜。小米Note上市第一天，在三分鐘內被搶購一空。小米在二〇一〇年第一次募資時，就募得四千一百萬美元。到二〇一四年年底時，這家成立不到五年的公司，市值已高達四百五十億美元。從幾個指標來說，小米是有史以來最有價值的新創公司。

小米在五年內崛起不只是商場中的一個故事，因為手機這東西很特別。手機提供讓史上獨裁國家向來害怕的那種自由與連結，中國也不例外。中國政府在過去二十年，打造出全球最大也最普及的監視和審查系統。然而，中國的財富和未來顯然是靠過去四十年的對外開放。對外開放要求政府允許當地企業家商談進出口事宜時，能跟外界聯繫並讓他們有自由去實驗學習。

中國把許多公民送到國外，最為人所知的就是讓許多最優秀學生到世界各地的民主國家求學，尤其是美國。不過，目前中國政府顯然相信，本身無法承擔讓大多數人口都享有同樣的開放程度。因此，一九八〇年代起，雖然經濟大規模開放，但是媒體卻沒有跟著開放。為了從輿論中去除掉各種想法的自由論述，負責媒體的政府機構已經禁止在寫作上涉及時空穿越和使用某些雙關語，因為這兩種形式都可能以替代含義，做出威脅政府的敘述。

但是，共產主義目前找不出特別方法來處理手機或網際網路，主要是因為手機普及速度之快，讓共產黨措手不及，只能持續關注。在一個世代前，二十幾個共產主義國家，加上蘇聯共和國成員有十幾個國家，這當中只有五個國家還維持共產體制。連同中國在內就有四個國家在東亞並跟中國相鄰：越南和寮國跟中國南方交界，北韓跟中國東方交界。（只剩古巴不在亞洲，卻即將被地中海渡假村〔Club Med〕吞併。）寮國和越南複製中國的做法，早已降低對公開市場和私人企業的反對。只有北韓還堅持合作制農業這種災難式的做法。（這種做法透過裙帶關係，而不是市場，就讓共產主義瓦解。）「共產黨」只是說明這五個政府如何掌權的一個歷史標籤，根本無法對現行政策或行為的效用提供任何預測。這四個亞洲國家都保留《共產黨宣言》的某些教條，由國家一手掌控輿論，至少像報紙、廣播和電視等傳統媒體仍然由政府嚴密管控。（到現在，寮國有部分地區還透過架設在電線桿上的擴音器聽「社區廣播」。）不過，我們至少可以說，他們對網路的集體反應並不一樣。

北韓已實施近乎全面禁止的做法，讓人民跟外面的世界完全隔絕。（離北韓最近又在這方面與其匹敵的緬甸，最近也仿效中國的做法開始對外開放）。同時，越南則偏重以觀光帶動經濟，對越南人跟外界頻繁互動的區域加諸較少的限制。(胡志明機場提供免費Wi-Fi並鼓勵遊客「在臉書上幫我們按讚！」)中國這個中土之國，在做法上也保持中庸，為了保持市場開放，禁止對政府的批評，就要不斷拿捏該允許什麼、拒絕什麼。

但是透過手機，人們更容易看清現代中國的重要性與矛盾。《經濟學人》(*The Economist*)每年計算大麥克漢堡(Big Mac)在各國的售價，藉此比較這些國家貨幣的相對強弱。出現「大麥克指數」的理論依據是，這個簡單的物品是真正將產品和服務搭配，反映出麵粉和牛肉的成本，工資和稅收的成本，就連房租、電費和保全的成本也包含在內。表面上看起來像是產品，其實是將取得、組裝和銷售包含在內的複雜活動鏈之終點。

如果一個漢堡能有那麼大的影響力，那麼想像一下，手機包含的複雜活動鏈，會產生多麼龐大的影響。硬體和軟體、操作系統和應用程式、基於「品質與價格的比較」來取捨一百個不同元件，這簡直是複雜度驚人的國際配銷鏈。這一切只為了生產出能行銷、運送和在幾十個或一百多個不同國家販售的一項裝置，外加上從約會到新聞的重要性日增的應用程式。然而，手機用戶對於自由的需求，跟政府對於控制的要求，兩者互相衝突。當產品和服務配套成一個簡單物件銷售，手機卻比大麥克要複雜上千倍。漢堡說明跟全球經濟有關的某些事，手機不但做到那樣，也說明跟地緣政治有關的某些事。

2 網際網路

「如果中國不能改變網路，網路將改變中國。」抱著這樣的信念，中國讓網路資訊的流動，變得像人民在國際間移動時一樣，必須經過申請與審查，徹底改變網際網路的「自由」。

Little Rice

Smartphone, Xiaomi, and the Chinese dream

公眾溝通始終跟政治有關。手機之所以受到人們的重視，是因為手機提供用戶某些能力，譬如說：自由溝通、取得資訊、日益增加的買賣交易，這一切全都由一個小螢幕和一支隱藏天線所促成。不過在許多國家，政府已努力監控日益犯濫的資訊，有些資訊來自國際，但大部分資訊是來自本國公民。以美國來說，我們現在知道，國家安全局（National Security Agency）幾乎可以針對所有人收集數據，進行無所不在的監控，那種監控幾乎是每個政府都想達成的目標，主要不同點在於每個政府的執行方式不同。（最近幾年黑莓機發生的許多商業災難之一就是，印度政府強硬要求監控黑莓機的電郵內容，這樣做等於讓該公司其中一項重要服務失效。）中國政府的做法更進一步，除了全面監控，還加上近乎即時的審查。

這是中國學者稱為後社會主義中國的一個例子，馬克思主義的基本原理已經被拋棄，但國家控制機構仍然留存。後社會主義中國披上一種意識形態的外衣，定期讚揚毛澤東思想，卻沒有把這位偉人的想法做任何特別的運用。除了完整無損的中國共產黨統治之外，根本缺乏任何意識形態。在討論中國政府一定不能做什麼時，中國政府對於政治的承諾就更為強烈。

就這方面來說，阿拉伯之春讓中國政府特別害怕，因為民運人士仰賴電子工具，透過網路傳播公民之間的憤怒。這些起義看起來像是中國該提防的威脅，尤其是政治行動地點又是首都的主要廣場。這種模式把突尼西亞的十一月七日廣場（November 7 Square）和開羅解放廣場（Tahrir Square），跟北京天安門廣場產生聯結。（在一九七〇年代和一九八〇年代，造成社會不穩定的三次暴動就發生在天安門，最後在一九八九年六月四日，人民解放軍屠殺數百名示威者。）二〇一一年阿拉伯之春後，北京流傳「五不搞」，中國政府不允許公開討論這些事：我們不搞多黨輪流執政，不搞指導思想多元化，不搞「三權鼎立」和兩院制，不搞聯邦制，不搞私有化。（最後這項是一個大謊言，因為中國從一九七〇年代起，就瘋狂進行私有化。以共產主義的說法，這表示「國家沒有放棄對經濟的最高管控」。就定義來說，由現行政權掌控並決定什麼可以私有化，什麼不能私有化。）

「五不搞」是二〇一四年推動「七不講」的序曲，七不講提供一個類似清單，指示媒體不要討論某些政治事項。同時防止政府本身精心設計的審查系統，成為眾矢之的，也不允許人們討論言論自由。（七不講中的第六項就是，不准討論五不搞。）以中國網路審查為探討主題的研究持續發現，中國政府嚴格禁止對於這類審查制度的討論。

幾世紀以來持續運作的國際常規是，國家互不干涉他國的內政。這項常規源自於一六四八年起在德國西發里亞簽署的一系列和平條約，後來逐漸成為世界各國的共識。國家主權和不干涉的雙重概念，讓政府可以將截然不同的制度並存，比方說：不管是君主制、民主制或經濟自立政策的國家，卻仍然允許與他國間的貿易流通。隨著西發里亞和平條約構想的蔓延，世界慢慢被擁有不同領土的國家所瓜分。在這種體制下，所有人類都是公民，人們在世界上通行受到各國政府出入境的限制。每個人都應該有自己所屬的國家，沒有國籍的人就會受到懷疑（即羅姆人、亦稱吉普賽人）。沒有明確國家統治者的區域，就被視為亂源（例如：索馬利亞），有幾個國家都聲稱為本國領土的區域，則被當成長期危機（例如：南沙群島之爭）。

但是目前這次全球化跟商品比較有關，跟人比較無關。貨幣和貿易向來比人們更能自由移動，尤其是自從世界經濟自由化後更是如此。西發里亞體系依據的二項假設經過幾個世紀後，影響力已逐漸減弱：首先是「國家內部發生的事，不必與其對世界的衝擊相提並論」這個構想，其次是「經濟和政治是不同領域」這個想法。

在二十世紀，尤其是第二次世界大戰後，這些虛構假設並沒有為西發里亞體制加諸太多限制。至少可以維持假象說國家政治與國際政治是分開的，我們可以擁有全球經濟，但是各國政治大都自行其道。（這是歐盟的創始思想體系。）中國自一九七〇年代開放以來，就強調這種經濟與政治區別的做法。當最高領導人鄧小平當初指定南方城市深圳為特區時，就遭到北京保守派施壓，改以經濟特區稱之，強調政治實驗是無法忍受的。冷戰期間，共產國家拒絕西發里亞和平條約的邏輯，因為革命被認為是推動國際運動。但是，當那種擴張主義模式在一九八〇年代結束時，中國已經成為西發里亞主義的重要倡導者。中國主張全球經濟的經濟自由化，這樣所有能廉價生產的作業就可能流入中國，而中國同時也能在政治上堅持本身國界的不可侵犯，針對外國商品和外國思想進入中國當地市場，設立一些障礙。

你可以在中國的網路政策，看到這種做法的極致展現。包括我在內的許多觀察家都相信，以西發里亞體系提供的兩個類別，也就是貨幣的自由流動，以及限制人們的自由移動來說，資訊流動的表現可能跟貨幣流動較為類似。（這個簡單信念站得住腳，因為現在的趨勢是資訊創造財富。）值得注意的是，中國已經巧妙開闢一個替代途徑，打造出一個讓資訊移動類似人們移動的國家，這種移動受到高度識別和約束，而且政府始終保留禁止資訊和人們從他處進入的權利，加上有能力在當地逮捕駭客資訊。中國已經在這方面做得很厲害，一是透過本身深入的技術能力以及國家持續的投資，一是政府早就盤算好，花錢請一大堆人在社群媒體幫政府說好話（對美國而言，這簡直不可思議）。後面這項做法很容易，因為在中國，廉價勞力隨手可得。現在，中國再次步履蹣跚：在一九八九年天安門大屠殺後，讓中國幾十年籠罩在不安當中，當局砸更多錢搞好內部安全，這方面的花費甚至超過軍事投資（而中國擁有世界上最大的常備軍隊）。

其實在二〇一一年以前，中國長久以來在掌控電腦這方面，並沒有遇到太多麻煩。因為之前人民大多沒有自己的電腦，電信業者都是國營事業，硬體和頻寬的成本過高，許多年輕人（政府內部擔憂的主要來源）必須使用網咖上網（幾年前網咖還算規模龐大的事業），中國政府剛好可以藉此簡化監視。只要電腦物以稀為貴，政府監管就相當容易。這種監督只在大多數人民都沒有電腦的情況下才奏效。也就是說，在大多數人只用電話，還沒有手機可用時是奏效的。在二〇一〇年以前，情況確實還是如此。而且在二〇〇九年以前，手機只有通話和發簡訊這兩個功能。智慧型手機的出現，改變了中國政府原先的如意算盤。

智慧型手機跟只有標準功能的諾基亞1100手機不同，就像電腦有別於打字機那樣。雖然電腦的鍵盤和螢幕提供一個熟悉的類比關係，讓人覺得很像使用打字機鍵盤在紙上打字那樣，但是電腦利用增加新軟體而具備執行新功能的能力，使得電腦成為跟打字機截然不同之物。

諾基亞1100手機只有諾基亞內建功能。（據說諾基亞手機確實開放第三方軟體，類似某種應用程式商店的原始版，但是電信業者通常禁用這些功能。）智慧型手機就是一台電腦，而不是像一台電腦，而且電腦有的功能，手機也日漸具備。電腦的基本功能是，電腦是不可預測的，沒人知道電腦什麼時候會當機，而新軟體能讓舊電腦執行什麼新功能，也總讓人無法捉摸。（這兩者是相關的，只帶來驚喜卻不會故障當機的電腦，這世上還沒出現過。）

這種靈活性讓智慧型手機風靡全球。沒有任何設備像手機這樣，為一般人提供如此有效的超能力。（據說，一般手機具有的處理能力，超過當初登陸月球太空船所用電腦的處理能力。）現在，中國是這些還被我們稱為「電話」的連網電腦的最大生產者和消費者。政府知道，如果人民口袋裡沒有連網電腦，就無法實現現代經濟；政府也明白，除非能讓人民之間的溝通協調受到牽制，否則就無法遏阻人民在政治上運作協調，就這麼簡單。這一切讓智慧型手機變成中國政府眼中的特殊問題，因為手機協助人們以協調代替規劃。人們有了智慧型手機後，就更少做出明確計畫，寧可「等你到這兒再打電話」，而不是說好「六點跟我碰頭」。這種不可預期性也出現在政治領域，大到由數位聯繫發動的阿拉伯之春，這種示威者突然大量集結的事件，小到網路上對中國各地貪腐和污染的民情反應。

由於在中國，線上交談愈來愈迅速也更不正式，因此原本的審查和監控模式再也不足以掌控輿論。政府正在擴大本身在網路上的宣傳力度。在網路上發表言論大力支持北京政府的人士就稱為五毛黨。他們每發一篇貼文，中國政府就付給他們五毛錢。（但這有一點文字遊戲的味道，因為「五毛軍團」，其中的「毛」既是五毛錢的毛，也是新中國之父毛澤東的姓）。但是，光靠五毛黨還不夠，因此政府現正招募共青團的成員，成為線上宣傳志工，每位志工同意每年至少參加三次「陽光跟帖」宣傳活動。就某種程度來說，參與者是無償自願參加，但是共產黨可沒放過任何機會。不但有區域配額（北京預計招募二十五萬名成員），就連特定學院和大學也有配額（中山大學有九千人加入）。除了幾十萬名五毛軍外，中國政府現在希望共青團有五分之一的成員（人數將高達一千八百萬名志願者），在網路上為政府美言，這種宣傳操作將是史上前所未見。

在推動媒體掌控，尤其是掌控網路這方面，習近平比中國以往領導者們更加積極。二〇一三年十一月，也就是習近平上台一年後，就宣布成立一個新政府部門「中央網絡安全和信息化領導小組」，並親自擔任小組領導人。他也將政府控制的各種模式集中到單一小組，亦即中國國家互聯網信息辦公室（CAC）。如同長期觀察中國的觀察家比爾・畢肖普（Bill Bishop）所言，中國共產黨認為，如果中國不能改變網路，網路將改變中國。最近，人民解放軍將網路當成中國對抗外敵的新戰線。《解放軍日報》的社論聲稱，在社群媒體上批評政府，「撕裂社會共識，也撕裂黨和群眾之間，以及軍隊與人民之間的關係，等於是設法透過網路顛覆中國」。

這些不是僅此一次的調整。習近平帶領的政權決心擴大對科技公司的政治查核和控制。像惠普和思科這些外國企業，就遭受更嚴格的審查，當地公司則發現本身受到新法規的限制。在二〇一五年七月，中國政府公佈長久爭論不休的國家安全法最終版本，其中包括國家安全審查和各行各業「監督管理」的規定，「互聯網信息技術生產與服務」就包含在內。

長久以來，中國把數位科技公司當成一般公司看待（在中國的說法就是支持出口），但是這種情況正在劃下句點。中國共產黨已經決定，有必要確保網路技術是「安全且可控制」，這一點比全球化的商業需求還更重要。對於銷售基礎設施的公司來說，這項聲明讓本土企業跟思科和阿爾卡特（Alcatel）等西方企業競爭時，取得一項優勢。不過，對於像小米這種想要將產品銷售給個人消費者的公司來說，中國共產黨認為他們的服務安全又可控制，而這一點當然不會讓小米在中國以外地區銷售產品時，提供太多賣點。

中國國家互聯網信息辦公室的指導原則是所謂的「網路主權」(cybersov-ereignty)，這項理念認為網路應該跟人們移動要有護境出入境一樣，應對資訊設定國界並加以控制。這問題幾十年來一直受到廣泛的關注，由於這樣做違反了網路的基本架構，使得網路主權成為相當難以完成的任務。任何國家若想成功做到這樣，就必須具備這種相當稀奇的組合：在國際上相當孤立(沒有任何阿拉伯國家可以逃避半島電視台這類泛阿拉伯媒體，因為語言並不侷限於某個政權)，當地還要有相當傑出的技術人才(土耳其沒有足夠的工程師，建構可信任的本地網路來封鎖政府想要禁止的大多數事項)，同時還要有適當的投資環境，提供當地網路新創事業創業發展所需資金(蘇丹可能希望當地有網路公司，卻沒人有資金資助這種事)。具有人才、創業熱情、穩健私人投資環境，並對媒體採取審查態度這種奇妙組合的一個國家，就是中國。中國已經成功創造一個史上絕無僅有、最成功的動態審查與宣傳的政體。

這是中國期待已久的事。中國期望擁有非全球化的網路，這個想法在一九九〇年代後期率先實現，做法是利用一組網路過濾器，其中部分自動化過濾，部分由人為監督，並且特別設計用來封鎖來自外界的資訊流。這個系統被稱為金盾工程，但是這系統很快就被戲稱為中國的長城防火牆（Great Firewall，縮寫為GFW）。當初金盾工程的第一個版本，目的是將來自國外的資訊都封鎖掉。在這個階段，中國以外有一些專業網站定期提供資訊，譬如：維基百科，《紐約時報》（*New York Times*），《經濟學人》等等。雖然從那時起，長城防火牆已經實施並選定西方網路新聞服務進行全面封鎖，但是後來最主要的功能則是阻擋外界社群媒體，尤其是臉書和推特。對中國來說，真正的威脅不再是取得資訊，而是串連聯繫。像二〇〇八年四川大地震到二〇一一年溫州高速火車致命車禍這些重大事件，就是由人們使用手機跟中國社交網路，譬如QQ、人人網、新浪微博和微信率先發佈消息。外部過濾無法封鎖這類威脅，因為這是中國內部的訊息傳遞。

長城防火牆在運作上的變化，代表北京最擔憂事項的轉變，從原先控制來自外面世界的資訊，改變到避免輿論同步，而最可怕的威脅則是，人民的實際串連集結。當然，威脅的所在地也從個人電腦轉移到手機。從二〇〇六年起，中國同時封鎖中國人民取用政府無法審查或關閉的溝通工具，並提供有競爭力的空間，讓本國社群媒體蓬勃發展，像人人網、微博、微信等服務供應商，在過去十年中國網路市場飆速成長下，就獲得幾億的用戶。中國封鎖臉書究竟是經濟考量或政治考量，這問題其實毫無意義，因為中國是考量兩者才這樣做。就算臉書同意中國提出的所有政治訴求，但是中國本國替代社群媒體的經濟價值太大，讓中國無法輕易逆轉原先的決定。

在中國境內推銷通訊工具的任何公司，勢必會受到政府監管，但是這種監管有侵入性、既詳細又善變。（在北京的朋友就說：「在中國工作，你需要養成兩個習慣。首先，你要樂觀。其次，你要健忘。」）。想要在中國境內和境外提供通訊服務的企業，為了拿到合約，最後不得不制定像外交政策那種東西，這樣講真的一點也不誇張。

因此，小米可說是位於廉價山寨手機跟投資創新、本土與全球需求，市場商機與政治限制，以及自由與管控等諸多矛盾的交會點。小米的故事就跟全球通訊的普及，緊密地結合在一起。

小米 3

「領先用戶創新」(lead user innovation)是善用群眾智慧的一種方式。小米將「領先用戶」(狂熱粉絲)帶入手機世界：有1/3的小米系統功能是來自於這些用戶要求，所以小米創辦人經常說，用戶是小米的共同設計者。

Little Rice

Smartphone, Xiaomi, and the Chinese dream

雖然硬體如此優雅出眾，但本質上小米其實是一家軟體公司。小米的執行長和當初所有共同創辦人都來自軟體公司。而且，小米的第一項產品（創辦第一年的唯一產品）是手機作業系統。MIUI（小米用戶介面的縮寫，經過特別設計，發音就跟英文的「Me-You-I」〔我，你，我〕相同）是Android系統的客製版，本身是Linux的修改版本。由Google開發的Android系統，現為世界上大多數智慧型手機使用的作業系統。（蘋果iPhone的iOS作業系統是唯一能跟Android匹敵的對手，但是Android手機賣得比iPhone更好，兩者銷售量為三比一。）Android免費讓供應商使用，主要開發者Google採取免費策略，讓Android能在智慧型手機市場占有一席之地，並在一定限制內，譬如提供Google軟體，手機製造商就能免費、自由地將Android系統客製化。

對於Android的短暫壽命來說，這個選項只是改變介面的風格。如果你從Google Nexus手機換到三星Galaxy，除了螢幕背景和圖示以外，其他幾乎沒有什麼改變，應用程式和使用體驗都非常相似。少數幾家公司投入大量設計資源到自家產品上，往往是專注於讓硬體做到更好。軟體客製化就留給用戶自行處理，用戶可以自行選擇要安裝哪些應用程式。讓MIUI與眾不同的原因是，早在小米有自家手機可以銷售前，就致力於讓作業系統的運作比對手更強。該公司創立第一年，唯一的用戶就是有興趣下載MIUI軟體，並將其安裝在現有手機上，取代手機原先安裝Android系統的那群人。這些用戶是先驅（和技客），小米密切關注他們想要什麼，以及他們如何使用手機。

MIUI的一些改進其實只是把功能優化。小米特別注意讓MIUI在三星手機上運作得更順暢。（雖然小米常被拿來跟蘋果相比，但是他們的產品線和中端市場的野心，其實更接近三星。）到二〇一一年時，比起三星自家提供的Android版本，MIUI在三星手機上執行，畫面更好看，反應也更迅速。更重要的是，MIUI不會迅速耗盡電池，通常這是業者沒有關切到用戶體驗的一個重要事項。初期用戶計畫的一部分，當然是進行測試和取得反饋意見，但另一部分則是利用用戶體驗做免費宣傳。（從二〇一一年就有推文寫到：「我安裝MIUI到我的〔三星〕，它就像清新的空氣，讓我覺得好極了。」「我剛剛安裝MIUI，我的手機馬上變得更容易使用。〔帥呆了〕」）這種把用戶當成回饋意見的來源，也當成業餘行銷人員的做法，一直持續至今。

雨果・巴拉（Hugo Barra）原先在Google負責掌管Android業務，後來在二〇一三年加入小米，帶頭進行國際擴張。巴拉號稱小米幾乎沒有花錢做傳統廣告，寧可以記者會報導產品上市活動，並協助用戶改用小米手機。

小米的過人之處就在最後這個類別。小米的行銷總監魏來（Tony Wei）帶我參觀小米辦公室時，指著一個辦公區，那裡的員工正在處理廣告業務。那些員工不是圖形設計師或攝影師，而是程式設計。為了維持本身創辦以來對軟體的專精，小米設計自家工具與用戶互動，並幫助這些用戶與世界互動。該公司對此思慮周嚴，幾乎沒有其他企業做到這一點。小米就連最基本的活動，都能提供一個拓展用戶的平台。用戶安裝MIUI新版本後，螢幕會出現確認畫面，讓用戶在新浪微博（堪稱中國版的推特）上發訊息，表明自己剛剛升級到MIUI新版本。

當然，如果產品不夠好，行銷再怎麼棒也沒有用。但是在一開始時，產品沒有必要做到完美，只要比其他Android手機更好就行。隨著時間演變，小米開始增加一般Android手機上沒有的功能，譬如說：更好的筆記應用程式，自家音樂訂閱服務，自家雲端備份服務，過濾廣告電話的MIUI專屬工具（跟美國不同，中國目前還沒有全國謝絕來電登記），另外小米也為亞洲消費者推出高度客製化的一套介面主題，因為手機在中國是更個人的物品，這一點跟美國的情況不同。手機外殼和主螢幕外觀都是讓用戶可以好好表現自我之處。

小米手機並沒有一個「殺手級功能」，MIUI用戶能做的事，其他智慧型手機用戶也做得到。不過，MIUI的初期用戶能做到三件與眾不同的事。前兩件事很實際：硬體無需升級，就能獲得更好的使用體驗，以及小米公司十分在意用戶的意見，尋求專家級用戶同意每週針對MIUI提出批評，甚至早在推出第一版版本前就這樣做，並將這項做法持續至今。

隨著用戶群從最初招募的幾百人成長到目前有上億人，小米開始將用戶分為兩個類別：「狂熱」粉絲最渴望新功能也最懂技術，而「海量」粉絲是喜歡小米的產品，但無法提供詳細回饋意見的一般用戶。小米會在產品開發初期先徵詢狂熱粉絲的意見，讓他們可以在最初測試階段，就先使用產品和服務。（事實證明，有些狂熱粉絲確實相當重要，後來這些人還被小米延攬擔任顧問。）海量粉絲則是固定每週五能獲得更新，並在小米論壇上張貼意見。他們的意見通常不那麼技術性，但隨著幾十萬人在論壇上熱絡交談並在社交媒體上討論小米，他們彙集的意見對小米的研究和行銷都相當有利。因此，小米持續參與打造線上社群，舉辦全國「爆米花」粉絲活動，建立當地米粉社群，甚至拍下電子用品市場發現的冒牌手機，張貼照片來提醒顧客要小心仿貨。

麻省理工學院經濟學家埃里克・馮・希貝爾（Eric von Hippel）將這種用

戶參與稱為「領先用戶創新」(lead user innovation)。在包括烹飪、登山和工業機器人在內的某些領域，最密集的用戶就像狂熱粉絲一樣，通常都比設計人員更瞭解產品，而且這些用戶做的修改和調整都相當好，往往可以成為標準產品需要具備的條件。昇陽電腦(Sun Microsystems)共同創辦人比爾・喬伊(Bill Joy)說過：「無論你是誰，大多數的聰明人都是為別人工作。」領先用戶創新就是善用這種群眾智慧的一種方式。小米將領先用戶創新帶入手機世界，雷軍估計MIUI有三分之一的功能來自用戶要求，他經常稱用戶為MIUI的共同設計者。

小米創造第三件與眾不同的事情是，為小米用戶創造一個無法形容的特殊感受，就像蘋果、哈雷戴維森(重型機車)和戶外用品品牌REI為自家顧客帶來的感受那樣。這三件與眾不同的事，做了其中兩件，只能造就一項產品，卻不能讓產品大獲好評。小米必須提供更好的體驗，更即時回應用戶，並且獎勵用戶獨具慧眼採用MIUI，讓自己在對成本敏感的擁擠市場中與眾不同。

在一開始時，小米就算沒有硬體，也開始透過提供用戶新的服務選項而賺到錢。這個計畫很簡單：用戶安裝MIUI得到改進和客製化，當這些用戶開始付費下載軟體和服務，能掌握這些營收的就是作業系統製造商，而不是硬體製造商。以日本電信電話公司(Nippon Telegraph and Telephone, NTT)和韓國SK電訊為效法對象，小米甚至發明自己的貨幣「小米積分」，用戶可以用它來購買音樂或自定主題等等。(一分相當於人民幣一元，但是跟在拉斯維加斯一樣，把錢當成「積分」，就讓用戶更捨得花錢。)最近，小米公司宣布推出Mi Finance這個MIUI用戶專屬的線上支付系統(類似PayPal)，這是從購買他們硬體的人士身上，賺取更多營收的另一項嘗試。

因此，小米是中國科技產業從產品轉型為服務的受益者和驅動者。雷軍瞭解中國正在跨界，擁有和使用手機，將會讓擁有和使用個人電腦和筆電相形見絀；雷軍也知道，手機將成為新服務事業的所在。從一九九二年以來，雷軍就一直從事軟體業。他加入香港軟體公司金山軟件(Kingsoft)時，從工程師做起，短短六年內就升任執行長。雖然有許多副屬事業，但他一直執掌這家公司，直到二〇〇七年年底，因為四度嘗試讓公司股票公開發行上次未果而辭職。離開金山軟件後，雷軍花了兩年時間擔任投資人和不同網路公司的董事，包括製作名為UC Browser行動瀏覽器的UCWeb。UCWeb讓雷軍取得一個好位子，觀察行動網路的興起。到二〇一〇年時，他考慮創辦一家新公司。

在中國，網路產業的規模跟中國經濟的其他部分一樣，從一開始的微不足道，迅速成長到地位舉足輕重。結果，許多大型企業的領導人不僅彼此認識，而且早在一九九〇年代後期時，就在網路界有業務往來。以雷軍的例子來說，經營無所不在的微信這個中國最重要社群媒體的騰訊，就曾投資金山軟件。而集亞馬遜、eBay和PayPal在單一公司的電子商務巨頭阿里巴巴，買下UCWeb。中國搜尋龍頭百度也經營維基百科式的服務百科，就跟小米合資，投資金山軟件的子公司獵豹。雷軍的人脈和以往打造數位事業的輝煌記錄意謂著，他一向有辦法為自己想做的任何事籌募資金。訣竅是，搞清楚該怎麼做。

創業初期，雷軍找過劉芹商談籌資。劉芹是上海晨興創投負責人，也是UCWeb的初期投資者。雷軍知道，以網路界的說法，中國將成為「行動優先」，尤其是智慧型手機優先。（雖然iPhone在二〇〇七年進入中國，但是蘋果首創的「觸控螢幕／應用程式商店」模式，遲至幾年後才進入中國市場。）手機比個人電腦的限制更多，手機螢幕比較小，上網速度通常比較慢，而且用戶比較沒耐性。專注做好改善手機用戶體驗的公司，如果也能提供用戶願意付費取得的服務，包括下載軟體、遊戲、儲存等等，就可能獲得可觀的收益。雷軍打電話給劉芹，談談這些想法和聊聊以前的事。劉芹說，他在晚上九點接到雷軍的電話，倆人開始討論智慧型手機的生態體系，能為中國和世界帶來什麼商機。(雖然小米在二〇一四年，在國際市場上默默無名，但是雷軍打從一開始，就有聚焦全球市場的野心。)結果，倆人徹夜長談，到隔天早上九點才掛電話。這次深入談話有助於讓彼此對於新創事業及推動策略，建立共同的理念。雷軍讓劉芹加入小米第一輪投資人，此舉並非巧合。

雷軍的策略是建立一家瞭解中國的公司，知道在這個國家，大多數手機只有通話和發訊息的功能，也知道中國正要加入智慧型手機的革命。小米的目的是，先做好準備好，等待恭逢其盛。中國手機市場一直受限於較簡單的版本，一般認為，中國人大多很窮又以出了名的節儉，會繼續使用比較簡單的「陽春版」手機和翻蓋手機，不會購買高檔又昂貴的智慧型手機。一直到二〇〇九年，中國手機市場仍有四分之三落入諾基亞手中。而且，諾基亞把中國市場當成公司營收的金雞母，因為該公司在富裕國家的手機市占率已逐漸下滑，並認為智慧型手機在貧窮國家仍是奢侈品。特里西婭・王(Tricia Wang)是言論廣受中國媒體引述的傑出人種誌學家，她在研究中國民工時發現這項改變，民工們開始講起存錢買智慧型手機。她告訴諾基亞這個變化即將到來，但是諾基亞並不相信消費者偏好會那麼快就改變。事實證明，諾基亞這次賭注可輸慘了。

中國尋常百姓還沒有太多所得可支配，因此對高科技產品的需求落後世界其他地區。但是，當需求真的出現了，卻如洪水般迅速爆增。（當一個經濟體的年成長超過一〇%（這是中國開放以來一直達陣的目標，只是最近榮景不再），也就表示國家經濟規模不到十年就增加一倍。）二〇一〇年時，在中國賣出的大多數手機還是諾基亞手機。到二〇一一年，諾基亞在中國手機市場的市占率已經從將近四分之三，下降至不到一半，而且失去的市占率幾乎全由智慧型手機接收。隨著中國人的可支配所得逐漸提高，尤其是城市和沿海一帶的中國人，加上電子產品的平均成本下降，這表示當中國市場出現變化，情況就會瞬間改觀。二〇一二年時，也就是短短三年內，智慧型手機已經把諾基亞原先占有的四分之三市場全數攻下。而且，這些智慧型手機大多使用亞洲手機廠商青睞的Android作業系統。在那二年內，有幾千萬人拿自己的諾基亞手機換購智慧型手機。

然而，小米並沒有為了利用這個變化，而迅速推出新手機，因為小米的第一個產品是軟體。雷軍早就明白，品質優異的智慧型手機價格昂貴，而便宜的智慧型手機性能很糟。任何公司都可以搶攻中階手機市場，只要購買好一點的零件，同時把利潤壓低一些，就能推出比廉價手機好，但比三星手機差些的中階手機。不過，由於任何企業都能採用這種策略，所以這樣做只能暫時提供一個競爭優勢。（況且壓縮利潤這個選項，其實就是讓智慧型手機事業變得如此殘酷的原因。）如果你能打造一家可以提供比對手的設計更精美，又更容易使用的手機，你就能保持一項長期優勢。不過，這當然是說比做更容易，但小米有一個計畫，以MIUI為主打。

要把任何複雜技術交到一般人手中，就必須把最高難度的東西通通隱藏起來。手機界對於「易用性」的痴迷是因為體認到，如果一項產品需要手動，就表示該產品在競爭上已經處於劣勢。但是，如果一個複雜產品經過精心設計，讓使用者覺得產品看起來很簡單，而且讓使用者使用時覺得簡單好用，產品就能取得競爭優勢。所以，介面就成為設計上的最重要挑戰。雷軍瞭解，如果你想要把一項複雜物品賣給大眾，那麼這項產品就是介面。將用戶原先可用的少數互動：輕觸、滑動、縮放，拖曳，轉變成引發龐大互動的方式，包括：傳送訊息、購買電影票、玩手機遊戲，這就是用戶使用手機時，想要取得之物。

雖然雷軍是小米的領導者和公司的對外發言人（員工都知道他是小米的「頭號產品經理」），但是小米從創業初期起，就仰賴各式各樣的人才。網路新創事業的典型形象是「車庫起家的一對搭檔」，但小米是由雷軍跟六位共同創辦人一起成立的。這群人包括曾擔任Google全球工程總監的林斌，原本在微軟中國工程院擔任開發總監的黃江吉（對中國許多網路界主管來說，

Google和微軟可說是最值得深造的實務研究所）。小米成立短短幾年內，一直擴大本身產品線，目前產品包括電視、機上盒、空氣淨化器（中國大都市必備用品），以及能記錄運動數據的小米手環。但是，小米的第一項硬體產品，而且是小米最為人知的產品，就是小米手機。

小米公司成立於二〇一〇年年中，從一開始就抱持進軍國際的宏願。通常業界給創業家的建議是，一開始只要跟幾位投資人籌資。但是雷軍採用的策略剛好相反，小米一開始就以驚人的全球投資團隊亮相，投資者包括晨興創投（劉芹的公司），以及新加坡政府投資的淡馬錫公司（Temasek）和中國與美國合資的啟明創投（Qiming Venture Partners）。小米的第二輪籌資，投資人包括位於聖地牙哥的全球手機晶片大廠高通（Qualcomm）。

二〇一一年時，小米推出第一支手機小米1。任何人看到小米1的想法都一樣，這款手機很普通，手機用的MIUI介面也沒有很好。當時MIUI所用的Android作業系統，還在努力趕上iPhone。不過以小米1的價格來說，MIUI不必比iPhone更好，只要比其他Android手機更強、尤其是比三星手機好用就可以。（如同一位小米手機早期用戶在二〇一一年說的：「當時，使用Android的經驗相當糟糕，如果滿分是一百分，那我給Android的分數不到六十分。就算MIUI跟iOS的品質和流暢性還有一段距離，但我覺得MIUI已經夠好用了。」小米1根本不是一個具有突破性的產品。其實，如果從新品與既有產品截然不同的角度來說，小米從來沒有一個突破性的產品。沒錯，小米1的價格便宜，才人民幣二千元（約三百三十美元），當時三星功能相當的手機要價都超過四百美元，而iPhone則在中國市場還不多見。不過，價格只是一個短期優勢。長遠來看，小米具備的是豐田、維基百科和Android本身有的優勢：持續改進。雖然小米近來採取蘋果作風的新聞發表會和新品上市活動，但是小米的優勢向來就堅守中國「差不多」的美德，再加上承諾做到「下次會更好」。

在中國花錢住過旅館、飯店的人就熟悉「差不多」這種心態，就連號稱奢華的商務飯店，電燈開關和出水口的面板都可能沒有裝好，在在顯示出內部裝潢草率完工。中國普通商店裡賣的家庭用品店還算堪用，但在銷售上並沒有很重視產品設計。在貧困和農村地區，米酒是大桶裝銷售，不同米酒除了標價不同，根本看不出有什麼差異。（五元商品可要小心。）這種守財奴的作風總結起來，就被記者詹姆斯．法洛斯（James Fallows）稱為「蹩腳貨就開心」。但是，電腦和我們稱為手機的小電腦，其特別之處在於，可以利用更好的軟體來改善硬體。電腦或手機真的只是一個充滿可能性的裝置，要靠軟體才能運作，而且軟體愈好就運作得更好。

電腦可以連上網路後，就可能讓原本「還可以」的硬體，跟「更新會更好」的軟體做搭配。小米對軟體研發的努力，一直是以針對介面和本身設備的用戶體驗，進行持續更新為主，而且是變動較小的更新。該公司偶爾會推出MIUI大改版的更新，但是大多數真正重要的工作都是透過不斷的小調整來完成。小米每週會更新有些微變動的MIUI更新版。（在我寫這本書時，MIUI就已經更新過二百三十一次。）MIUI不是被當作背景程式，更新版在每週五提供，被小米和用戶稱為橙色星期五，而橙色就是小米公司的代表色。

對於開發MIUI的程式設計師而言，整個工作時程就以每週五推出更新版給用戶為依據。舉例來說，每週三就要宣布MIUI即將推出的更新版本會包含哪些功能。新版本「包含的功能完成」後，就有時間進行內部測試。表面上看來，MIUI新版本是外部測試的一個機會，每次橙色星期五後，就有幾千則用戶評論、錯誤報告和功能要求湧進小米論壇，可供系統後續更新考量。

所有企業都聲稱，顧客對他們很重要。但是真正做到這樣的企業卻寥寥無幾。一般企業都把客服被視為惱人的費用，產品功能在公司內部製作完畢，等到產品準備妥當，才向潛在買家宣布。相較之下，小米非常重視顧客的意見。每次橙色星期五發表後，都提供用戶一個填寫四個問題的選項：我覺得這次更新MIUI如何？（依據從笑臉到皺眉的一連串表情符號作答。）以這次更新來說，我最喜歡什麼？最不喜歡什麼？我最想要什麼功能？然後小米就把幾千個答案彙整好，在下週二交給工程師。工程師很快依據用戶找出的錯誤將程式修復，但是功能要求往往需要更長的時間。

橙色星期五都會發表一支製作精美影片宣布新功能，並讓米粉感受到小米的重視。這些影片出現在小米的YouTube頻道和在其他地方，即使YouTube在中國被封鎖。但跟許多公司一樣，小米把審查當成在中國市場營運的成本，只是本身在進行全球擴張時，卻盡可能善用被中國封鎖的各項工具。如果中國政府打算讓Google服務通過長城防火牆，小米就能在下週的橙色星期五，利用Google工具更新上億支手機。

線上更新也帶動小米另一項專屬戰術——閃購。藉由告訴用戶新產品即將問世，並要求想購買者在一週前先登記，小米就讓本身更瞭解新產品的需求狀況。二〇一五年一月，當時小米產品中價格最高的小米Note，在推出三分鐘內完售。同年五月，可以記錄運動數據的小米手環，在印度開賣七秒完售。小米也在光棍節十二小時內賣出超過二百萬支手機，刷新本身先前的記錄並創下金氏世界記錄。不過，這種銷售手法並非沒有爭議。該公司一直被指控濫用饑餓行銷，這樣就能以破記錄在更短時間內完售而屢上頭條。以小米手環在印度開賣七秒完售為例，那是因為小米只供應一千個小米手環銷售。

小米1推出後，中國三大手機供應商之一的國營企業中國聯通在二〇一一年年底宣布，將進貨一百萬支小米手機供顧客購買。透過用戶參與、線上銷售和中國聯通宣布大量供貨的組合，小米已經巧妙從推出首款硬體後，在短短三個月內就取得龐大的需求。該公司從來沒有經歷跟供應商培養關係和討價還價的漫長階段，小米這個品牌成為供應商幾乎馬上搶著進貨的銷售保證。一位要求匿名的投資者表示，小米現在甚至能在新產品測試階段（當時是在測試小米手錶和小米無人機），就能跟供應商以百萬數量為單位商談產品價格，因為小米推出的產品可能熱賣三年。對供應商來說，承擔這種風險是值得的。

小米的另一位初期投資人蓋里．瑞斯徹（Gary Rieschel）跟我說明，通常手機製造商銷售新穎性，舊款手機就殺價銷售，並且在新款手機推出後，很快就將舊款手機停售。小米卻不那樣做。小米銷售的機型很少，將迅速更新留給軟體，況且這樣做也比較省錢。瑞斯徹表示：「我們的銷售成本低於三％。」這就是小米將所有產品透過一個銷售管道銷售，所獲得的結果。然後，小米讓同款產品銷售將近兩年，慢慢降低價格，在此同時電子零件成本降幅多達九〇%。就算初期利潤微薄，之後利潤逐漸擴大，平均利潤也能維持穩健。

這種專注於少數個別產品線的做法，讓小米能維持小而美的狀態。通過小米招募流程的員工會被告知，該公司的目標是雇用愈少人愈好，小米只要專注於吸引並留住優秀員工。這樣講聽起來好像有點像是業界的陳腔爛調，但小米只有大約八千名員工。相較於總部設在北京同一區的中國網路巨擘百度，市值不到小米的二倍，百度市值七百二十億美元，小米市值四百五十億美元，但是百度的員工人數卻是小米的五倍多。即使工資上漲，廉價勞動力還是很好取得，是所有其他投入的替代品。所以小米堅守紀律，讓公司逐漸成長之際，維持小而優的工作團隊。

小米在二〇一二年四月，開始舉辦米粉節，這是模仿蘋果產品發表會帶動粉絲狂歡的年度盛事。在某次小米節時，該公司提供公司吉祥物的米兔絨毛娃娃，幾個小時內就賣出十萬個。小米的第二款手機小米2，在二〇一二年秋天上市。小米2是小米1的改良版，速度快一點，重量輕一點，螢幕和相機都好一點，但是定價人民幣二千元，維持跟小米1當初的售價一樣。（小米2推出時，小米1還能賣到人民幣一千三百元。）雷軍聲稱，公司一開始是以低於成本的價格銷售小米2，以便取得用戶。小米2推出時，該公司就創下三分鐘內賣出五萬支小米2的銷售佳績。小米3在二〇一三年秋天上市，公司打算成立子公司的新聞也跟著出現，小米宣布著手研發具有3D功能的電視。二〇一三年秋天也看到小米從Google挖角Android產品副總裁雨果・巴拉。Android是小米MIUI介面的核心，小米延攬巴拉來督導公司的國際擴張。

小米4在二〇一四年七月上市，打破該公司以往習慣在秋天推出新手機的模式。同年也看到小米在國外的第一個營業據點：新加坡。讓產品進入新國家的市場，可是一件相當複雜的事。因為這牽涉到為線上銷售尋覓當地的合作夥伴，加上還要以各種語言提供顧客服務。小米行銷總監魏來帶我參觀小米在北京的服務中心。那裡有巨型螢幕公佈接通等候及處理的來電數量，這些電話來自中國各個區域，並有地圖顯示東部沿海地區的來電數量最高，因為這些地方的人民可支配所得較多。隨著小米國際業務的擴展，有愈來愈多來自國外的詢問電話，在二〇一五年年初時，客服中心平日可能忙到要接聽三萬通電話和四萬則聊天室詢問。小米在新加坡設立海外據點後，雖然進入大規模的國際市場，但是卻要面對價格敏感的消費者。小米開始在印度、馬來西亞和菲律賓銷售小米手機，並已宣布打算進軍泰國、印尼、俄羅斯，以及距離中國更遠的土耳其、巴西和墨西哥。

小米在國際市場上的進展並非順暢無阻。小米手機在印度開賣，幾乎馬上就遇到問題。二〇一四年八月，由資安公司 F-Secure 發表一份廣為流傳的報告指出，小米手機收集印度用戶數據，並將數據傳回中國。事實證明，這是手機預設功能，通知手機使用本身雲端訊息服務跟小米共享報告，也就是透過小米伺服器傳送簡訊，讓用戶得以省錢而引發的結果。小米立即發表新版軟體，把數據共享與訊息等功能預設為關閉，但並不是每個人都得知這個消息。幾個月後，印度空軍要求本身人員不要購買小米手機，即使小米老早就把這個設定問題修改好。（後來，印度空軍取消這項要求。）

同年八月，一位用戶在香港（中國領土，但不像中國本土那樣媒體大受監控），做出同樣指控，表示個資被傳回小米在北京總公司的伺服器。到九月時，在小米海外第一個據點，在該公司被指控銷售用戶號碼給電話行銷業者後，新加坡政府開始調查小米是否侵犯個人隱私。雖然小米迅速回應，改變本身軟體並在那年秋天前就宣布，會在中國境外設立伺服器，讓大家不再擔驚受怕。但是，各國對於數據收集的敏感度大增，而現在小米違反用戶隱私的做法也再再指出，小米這樣逐國擴展業務的過程中，面臨到多少艱辛。

二〇一五年年初，小米在美國召開一個記者招待會，宣布該公司在美國只銷售小米手環和其他配件，不賣手機。一般認為，美國和西歐是最具挑戰性的市場，因為他們的人口比較沒有成本意識，所以小米價格比較便宜也不見得有利，再加上競爭對手又喜歡訴訟。在美國，專利相關訴訟司空見慣，小米在許多公司（尤其蘋果）想將它們告上法院的本地市場，當然要步步為營。

小米3這款手機相當漂亮，跟市場上其他手機相比十分出眾。我就是買這款手機，被學生從遠處認出來。相反地，小米4的外觀就尷尬了，因為乍看之下很像是iPhone 5S的山寨版。不管是機殼顏色和按鈕形狀都很相似。因為跟iPhone有同樣的白色外觀，同樣圓弧邊角，在距離幾英吋外，就會讓人誤以為是iPhone 5S。「這是剽竊，這是偷懶，」蘋果公司設計長喬納森·伊夫（Jonathan Ivy）對小米4的設計做出這樣的評論。「我認為這樣做一點道理也沒有。」手機界觀察家認為，蘋果在中國沒有控告小米，是因為他們不希望危及到本身進入中國奢侈品市場。然而，小米在印度的專利問題，以及在北美市場只賣配件不賣手機這件事，就暗示出該公司拓展全球市場，受到日後訴訟威脅所侷制。

小米3的設計獨特出眾，但小米4的設計卻有抄襲之嫌。這一點似乎很奇怪，因為同一家公司隔一年推出的產品，竟然如此天差地遠。但是問問哪家公司才真正是小米——是設計導向或偷懶抄襲。當時，小米可說是兩者兼俱。只要小米3和小米4都有市場，何必從設計創新和複製抄襲中二選一呢？小米避免業界老生常談那種「質優、快速、廉價，三選二。」的兩難困境。所以，只要顧客相信體驗夠好，而且會愈來愈好，那麼小米就沒必要做這種取捨。

即使小米從原先的軟體公司，轉型為一家製造公司，卻仍然保持專注於網路服務模式。因為小米只在網路上直接銷售小米手機，不必費心要把手機賣到哪個市場，就必須在那裡雇用並訓練零售人員的問題，也不必處理麻煩的物流問題，以及在許多地點為了設法存放手機而讓資產日漸折舊。有些商店有賣小米手機，是零售商跟小米加價進貨。這種零售／轉售模式為小米省去頭痛的問題，也避免店面銷售和線上銷售之間常會出現的價格衝突。通常，小米的產品網路售價比較便宜，但是中國聯通跟零售店家卻必須處理這種價格差異，而小米則可置身事外。

小米在北京的門市座落於中關村高科技中心，一間由羊毛倉庫改裝的一樓，稱為小米體驗中心，讓消費者在線上購買前可以先試用。那裡並沒有販售小米手機，電視或手環。最近小米利用新品問世活動開始進行線下銷售，而且為了配合閃購的策略，這些活動似乎故意讓人們排隊搶購，好幫小米廣告宣傳，讓大家覺得小米產品很搶手。

小米沒有直營門市，這一點並沒有阻止人們填補這塊空隙的行動。二〇一四年，小米商店開始在全國大城市開張。在深圳的華強北路，也就是世界上最大的電子市場，許多這類商店仍然存在，有時一條街上還有二間小米商店，店家精心設計小米的招牌，甚至假冒小米員工制服。這些狀況讓雷軍不得不警告消費者，這些商店都不是由小米經營，小米並不零售自家手機。正如電信業者中國移動（China Mobile）所說，令人擔憂的不是跟小米進貨再轉售，而是這些假冒正牌的商店可能販售San Song／Svmsmvg之類的山寨手機。（諷刺的是，中國電子公司擔心自家產品被仿冒，真是讓每個人都無法理解啊。）被仿冒的恐懼遍及公司內部，以至於我到北京跟小米員工交談時，他們想做的第一件事竟然是，檢查我的小米Note，看看我是不是買到假貨。事實證明，我買的是正牌貨，但是小米員工竟然檢查幾分鐘才能確定，這表示山寨廠商很快就能生產出，人們可以接受且假以亂真的山寨手機。輕薄成為手機賣點的原因之一就是，讓手機輕薄是在製造上少數難以仿冒的技能之一。

讓小米跟一般手機業者不同的另一件事是，公司座落的地點。小米公司總部位於北京，北京跟深圳為中國兩大主要科技中心之一。深圳這個中國南方城市以製造電子產品聞名，也是富士康最大工廠所在地，iPhone和iPad和其他設備，就是在富士通這間工廠進行組裝。選擇把總部設在深圳是有意義的，全球最大電子產品製造商華為，就把總部設在深圳，跟魅族和OPPO這兩個中國手機品牌的選擇一樣。深圳是世界電子產品硬體市集，是製造手機所需專業知識與能力的樞紐。相較之下，小米卻把總部設在北京，那是因為專精於軟體、服務和用戶取得的網路公司，都把總部設在北京。

由於手機日漸成為媒體溝通的利器，而在中國，掌控人們使用手機上的軟體做什麼，又成為官方日漸關切的要務。有部分原因是，科技企業群聚在高科技教育群聚之處。如同一九七〇年代到一九八〇年代這段期間，通用數據（Data General）和迪吉多公司（Digital Equipment Corporation）就座落於一二八號公路附近，因為麻省理工學院在那附近。而矽谷就在史丹佛大學和加州大學伯克萊分校之間。北京有許多中國頂尖的科技學校，包括北京大學在內。但另外一個原因是，北京是中國政府所在地，而且政府希望網路服務業者總部都設在北京附近。常被中國當局審查的部落客趙靜（亦名Michael Anti）指出，政府要求媒體服務業者把伺服器擺在北京，以簡化監控。

小米對網路服務的盡心盡力，有時讓公司陷入困境。小米的第一支手機出廠時已預先安裝Google受歡迎的應用程式，但政府在二〇一三年時，要求小米停止這樣做。公司代表在自家線上論壇貼文道歉，不得不把軟體卸載：「嗨，MIUI用戶們，您可能已經接到通知，在我們最近的更新中，將Google應用程式都拿掉了。造成不便，我們深表歉意。由於中國相關政策，我們必須移除那些應用程式。」接著，小米教導用戶如何從小米應用程式商店，下載一個安裝程式，把那些Google應用程式再加回來。負責小米國際擴張的巴拉再三公開重申，該公司銷售到世界各地的手機，都安裝好Google。事實上，MIUI本來就是建立在Google的Android作業系統上。（這個搜尋巨頭要求需經授權，才能在Android手機上安裝Google應用程式，卻通融中國手機可以例外。）

小米並沒有跟深圳山寨文化徹底脫鉤。該公司當初如果無法直接利用深圳這個世界第一大製造基地，根本不可能有今天的成就。事實上，在電子業，許多競爭對手的產品可能由同一家代工廠生產。許多小米手機就是由富士康組裝，而富士康可是生產蘋果iPhone的廠商。小米已經告訴大家，如何透過實體設計、軟體和服務的持續改進，以及類似某種氣氛的組合，將相當商品化的部分，轉變成理想的產品。就算小米最後成為前景看好的中層供應商——如果你的本國市場是中國，那麼這種結果一點也不差。而且小米有辦法讓產品發揮綜效的能力，已經跟其他新創公司顯示出，本身是如何屢創佳績。至少，小米能以原先的成功當靠山，在二〇一〇年代後期將面臨的關鍵問題就是，本身走出中國這個龐大又奇特的市場，進入世界其他市場時，能有多好的表現。

4 世界工廠、世界市場

從鄧小平為中國改革開放揭起序幕起這四十年來，中國有幾億人已經擺脫貧困，讓中國不僅是世界第一大生產國，也成為越來越多產品的世界第一大消費者。正如美國在1800年代的發現，具有強勁的本地需求，能為原本出口導向的經濟，提供某種程度的穩定力量。

Little Rice

Smartphone, Xiaomi, and the Chinese dream

中國人口龐大。這個事實似乎有點像固有色與背景的關係那樣，譬如說，提到法國就想到乳酪，提到泰國就想到海灘，提到中國就想到人很多。但是對於住在這裡的人，尤其對於在這裡工作的人來說，人口就像地心引力那樣，幾乎影響到所有一切。一旦你離開了遊客絡繹不絕的長城和兵馬俑這些觀光勝地，這國家依照自己的邏輯運作，不是因為任何根深柢固的中國「本質」，只因為人們必須適應人口眾多，人民均貧和日漸都市化的現況。

如果依照人口排名世界各國，這個圖表會從人口最少的梵蒂岡一路爬升到美國，然後在圖表邊緣直線突然無法連續，斜度大增，國家人口數從美國三點五億人口，躍升為四倍，印度和中國的人口都超過十三億。任何地方有十三億人口，這簡直是難以理解的抽象數字。中國人口減掉十億，才是美國的人口。跟世上大多數地方一樣，中國正在都市化，但是就像涉及中國的大多數比較，中國在各方面的進展其強度已經到言語難以形容的地步。中國人口最多的地區是東部和南部的大城市，再加上幾個內陸自治區，光是這些地方就能讓美國相形見絀。在中國大城市（堪稱為中國人口眾多的縮影），這表示行之有效的系統，就能在龐大負荷下奏效。中國擁有世界最大和第二大的地鐵系統，並在世界十大最繁忙地鐵系統中奪下四個名次。而且，中國現在同時在二十五個城市，建立捷運系統。（對比美國，美國高速鐵路卻遲遲無法運行。）

中國也正以同樣的速度，在各地興建新的基礎設施，但進展速度仍然落後，因為都市發展和人口密度更快速增長。我開始在上海工作並試圖跟家鄉朋友形容上海時，當時我是這麼說的：「想像一下，上海就跟紐約一樣，但是更繁忙也更擁擠。」即使這樣講，還是低估中國的情況，依據都會區衡量標準的不同，中國有六到二十幾個城市比紐約這個大蘋果更大。其中上海、北京和重慶這三個直轄市，人口超過或相當於紐約州的人口。在珠江三角洲、香港北邊的廣州，就有四千四百萬人口，比加州的人口多，面積卻只有加州的十分之一。

國定假日更成為一種同步運動的奇觀，也就是中國人所說的人山人海，成為地表上大規模的移動。春節長假就像美國人過感恩節要回爺爺奶奶家一樣，只是在中國有七億人同時回奶奶家，因此形成地表上最大規模的人類遷徙。

這個龐大人口統計分母可能挑起西方世界對於財富與貧困的敏感神經。

從某種衡量標準來說，中國目前是世界第一大經濟體，而且很快就會達到以各種衡量標準來說，都是世界第一大經濟體的盛況。不過，把國家財富除以人口後，中國就落後許多國家。中國的人均國內生產總值（GDP）比全球平均值低二〇％，跟突尼西亞和多明尼加共和國相當。以人均國民所得來說，鄰國南韓是中國的三倍，日本、美國和大多數西歐和北歐國家則是中國的四倍。中國很有錢，中國人卻貧窮。

或者至少平均來說，中國人很窮。中國經濟因為中央規劃與集體生產而讓經濟殘破不堪，但在毛澤東去世後，鄧小平長期掌政，宣布將尋求「中國特色的社會主義」，亦即專制政體下的市場經濟，從此讓中國經濟出現重大改變。這是一九七七年的事，那個大好年可說是現代中國的誕生年。鄧小平和領導高層們合力進行類似政治掃雷的工作，辛苦地拆解毛澤東安裝的經濟意識型態，小心翼翼地不讓政權延續受到危害。從許多方面來看，他們的成功可說是當代中國最重要的政治事實。

當初就是鄧小平說：「讓一部分人先富起來。」從改革以來，共產黨正統教義達成既定目標，農村人口有所進展。但是鄧小平推動的是與以前的經濟理論近乎徹底背離的做法。從那個時候起，特別是近幾年，中國有些人確實先富起來。中國的經濟成長一直伴隨著創造如此巨大、集中的財富。

現在，中國所得不均的情況甚至比美國更嚴重。中國在兩個時期所得相當懸殊，期間都相當短暫，一次是在大躍進，一次是文化大革命，結果讓窮人變得更窮。現在情況不同了，對窮人的所得，即使是農村貧困人口的所得持續增加，但是城市富人的所得增加速度更快。

所得不均和城鄉差距也是相輔相成的，資金紛紛流入大城市。當微信這個類似WhatsApp的中國通訊軟體，將廣告加入本身服務時，母公司騰訊就依據每千位用戶每則廣告人民幣四十元（約六點五美元）的計費標準，跟廣告商收費。騰訊也讓廣告客戶有機會指定，本身的廣告只發送給上海和北京的用戶觀看，但是收費價格超過三倍。這些城市的微信用戶就是財富和炫耀消費習慣的具體化身。

這種差異在中國創造出龐大的民工階級，男人離開居住的村莊或城鎮，到大城市從事營建工作。婦女們也離開家鄉，去大城裡為人幫傭或在工廠工作。但是他們這樣做，並沒有得到官方政府的一系列服務，嚴格說來包括，讓他們的子女能進入城市學校就讀。而且，由於中國內部通行制度（亦即戶口），是依據出生地發放福利（包括教育），因此全家搬遷就有困難。最近，中國因為貴州省有四個小孩因為父母外出工作，留下他們獨自生活而自殺，讓中國當局感到震驚。如同美國把勞動階級的工作委外給中國，中國已經創造出一個無法仰賴國家服務，同樣需要遷移的勞動階級。北京最近放寬戶口制度，但仍然像上海和深圳一樣，強制執行所謂一線城市的諸多規定。由於經濟活動使然，吸引大批不受限制、滿心期待取得福利的民工湧入這些經濟中心。

中國自稱為社會主義政府體制，卻從來不是一個福利國家，主要是因為人口規模之大，會粉碎任何完整的安全網。在過去幾年內，已經看到大眾日漸重視家庭關係。新聞上經常看到兒子離鄉背井到大城市工作，就不回家看爸媽，女兒二十七歲還不結婚生小孩就被說成是「剩女」。國家想要拯救年輕人擺脫貧困，然後讓他們來拯救自己的家人，因為政府根本無法幫助所有人。如果子女不照顧自己的父母，其他能派上用場的方法寥寥無幾。而且，中國當初推行一胎化政策，讓幾百萬家庭只有一個小孩。只要一兒或一女不盡孝道，老一輩就無依無靠。對大多數中國人民來說，市場經濟和家庭期望的相互作用就是他們仰賴的安全網。

對於現代中國的第一代人士，向世界開放意謂著成為世界工廠，外國人提供需求、製造操作指南和原物料。中國唯一的重要優勢是，擁有龐大的廉價勞動力，讓價格具有吸引力。不過，打造一個可以讓幾億人擺脫貧困的市場經濟，不是一蹴可幾的事。在一九七〇年代，中國這個國家還太遼闊、太貧窮、也太缺乏經驗。在對外開放初期，中國在香港北邊設立試驗事業，雇用工人拆除報廢船隻，因為當時沒有夠多訓練有素的工人（或機具、管理或投資資本），建立外國人願意付錢交易的事業。從當年那種粗活幹起，現在全球日漸複雜的製造作業，有很大部分是在中國進行。

中國經濟的弧線從拆解船隻，到為外國企業組裝簡單物品，進展到接下日益複雜的製造工作，同時在愈來愈多人有一些可支配所得可供花用時，為中國自己打造內需市場。這一切以令人眩目的規模和速度發生。從鄧小平為中國改革開放揭開序幕起，這四十年來，中國有幾億人已經擺脫貧困，讓中國不僅是世界第一大生產國，也成為愈來愈多產品的世界第一大消費者。

中國政府樂見大多數本地製造的產品，在中國找到市場。正如美國在一八〇〇年代的發現，具有強勁的本地需求，能為原本出口導向的經濟，提供某種程度的穩定力量，而物品價格上漲和當地薪資調漲，也能讓彼此互惠一段時間。

有美甲師和知識工作者等龐大人口的美國，可能已邁入後工業經濟，但我們並不是生活在一個後工業世界。美國只是把製造作業轉移到左方五千英哩處。跟全球電子產品的每個零件一樣，手機早已在中國組裝；而像電子產品的所有零件一樣，中國比世界上任何國家更擅長組裝這些電子產品。如果你想瞭解中國的硬體，你必須明白這個國家跟我們日常生活用到的機器，關係有多麼密切。

5 中國蘋果

小米被大家稱為「中國蘋果」，這個形容詞意味著小米的設計技術高超，同時也嘲笑小米抄襲。小米創辦人兼執行者雷軍，有時會被戲稱為雷伯斯（賈伯斯慣上雷姓）。雷軍自己認為，相較於蘋果電腦，小米在精神上反而與Amazon或Google比較接近。

Little Rice

Smartphone, Xiaomi, and the Chinese dream

手機這產品很有趣，介於一般商品和奢侈品之間，是每個人都需要的商品，也是讓人彰顯個人身分與喜好的奢侈品。大多數手機都自詡為「買得起的奢侈品」，以手機市場來說（跟所有電子產品一樣，最誇張的行銷實例都出現在東亞），主要基於人們渴望在手機外觀日漸相同之際，能以便宜的價格買到塑造個人差異的手機。目前除了音響設備外，能列為奢侈品的電子產品相當少。Vertu最近推出市面上唯一一款奢華手機。Vertu在二〇〇六年從諾基亞獨立出來，專門製作要價二萬美元的手機。（紅寶石鍵盤、黃金打造、鱷魚皮機殼和手工製作。如果你想知道產地，這是在英國手工打造的精品手機。）Vertu甚至沒有浪費唇舌爭辯為何手機要價二萬美元，其商業模式讓人想起很久前一個關於蘇俄獨裁者的玩笑。獨裁者問朋友：「喜歡我的新衣嗎？我花了一千五百元買的！」朋友回答說：「你這個白痴！我知道你在哪裡可以花三千元買到這衣服！」（去年Vertu宣布要推出Android系統的新手機，進一步證明人們只想要智慧型手機，而且除了蘋果的iOS和Android外，沒有第三種作業系統存在的餘地。）

現在，手機幾乎是財富和個人偏好的象徵。使用翻蓋手機的人大多是窮人，不然就是不懂科技的有錢人。其他人則是在能彰顯個人品味與身分的各種智慧型手機之間做挑選。在中國，可支配收入的增加，以及政府允許個人公開彰顯個性，這二件事在同一時期出現。中國跟任何地方一樣，人們若想炫耀就買蘋果這個品牌的商品，這可是有錢人相當重視的必備物品。雖然跟蘋果在全球的市場相比，蘋果在中國市場的市占率較小，但是蘋果在中國賣出最多隻iPhone 6s。原因是，中國消費者比美國消費者更重視以手機彰顯個人身分地位。電子賣場陳列Android手機，並像往常一樣把螢幕朝外，但是iPhone陳列方式通常不一樣，是把機殼向外秀出蘋果標誌。任何可能擋住這個彰顯身分標誌的東西就成為問題，iPhone 6推出後，就有一款新的手機殼出現，背面有大大的數字「6」，這樣你就不必在保護iPhone和讓大家知道你用iPhone之間做抉擇。

跟在世界各地一樣，蘋果在中國也成為眾所公認的最佳企業。（在北京中關村高科技區的一家飯店，大廳禮品店就有賣蘋果創辦人賈伯斯的搖頭娃娃。）沒有哪家中國公司比小米做得更多，努力獲得一些像蘋果那樣的魔力。小米被大家稱為「中國蘋果」，這個形容詞意謂著小米的設計技藝高超，卻也嘲笑小米抄襲的習性（這兩種反應都有憑有據）。小米創辦人暨執行長雷軍有時被戲稱為雷伯斯（以賈伯斯的名字冠上雷軍的姓）。雷軍駁斥這種比較，堅稱小米在精神上跟亞馬遜和Google較為相似，不過雷軍這樣堅持是有原因的。雷軍在小米新品上市時也是一身黑襯衫和牛仔褲，跟賈伯斯的穿衣風格一樣。但撇開此事不談，iPhone出現後就讓手機市場徹底改觀，產業重心從北歐（諾基亞和愛立信〔Ericsson〕）和北美（黑莓機和摩托羅拉〔Motorola〕），轉移到亞洲。

iPhone在二〇〇七年問世後，獨力改變人們對於手機能做什麼的看法，把原本用來講話和發訊息的東西，轉變成一部能放在口袋裡，功能強大又能上網的電腦。這是史上消費者偏好最迅速轉變的實例之一，蘋果iPhone讓諾基亞和黑莓機的最高價機型變得一文不值。我記得iPhone推出後，我去找在諾基亞擔任設計師的朋友詢問，諾基亞管理高層是否盤算好如何回應iPhone。我朋友嚴肅地回答說：「他們連問題是什麼都還搞不清楚。」在短短三年內，諾基亞從全球最重要的手機公司淪為失敗者，再經過三年的掙扎就被微軟買下。原本在手機業稱霸十幾年的諾基亞，就在五年內給毀了。

藉由把諾基亞邊緣化，蘋果有效地摧毀歐洲手機產業的其他業者。（愛立信的手機事業在二〇〇一年被索尼收購，阿爾卡特的手機事業在二〇〇五年被台灣TCL公司收購）。這是一個巨大的轉變。史上十大暢銷手機中，就有八支手機是諾基亞出品，相當於曾賣出十三億支手機。蘋果的整個銷售輸出（賣出的每個iPhone機型）比諾基亞1100S的銷售量要少。蘋果除了擊敗手機業龍頭諾基亞，還重創摩托羅拉和黑莓機（前者被Google收購，後者則是一蹶不振）。這讓設計巧妙的產品iPhone占據一個類別，而且競爭對手因為被舊習牽制，以致於無法推出可讓消費者接受的替代產品。當時誰也不知道（就連蘋果自己都不清楚），這個產業的其餘部分會多快轉型。

蘋果期望把這種成功模式複製到iPod，創造另一個產品類別。況且，其他對手根本無法馬上跟進，推出類似iPhone功能的手機。即使iPhone重新界定人們對手機能做到什麼的看法，但蘋果已經在不經意間為更激烈競爭的新情勢，創造一套幾近完美的條件。

人們改用智慧型手機，這股潮流較晚進入中國。精打細算的消費者和討價還價的貿易商，這個組合讓中國人在iPhone推出幾年後，還在使用一般手機。不過，如果你能綜觀全局，就會看到這個國家正在發生改變。在iPhone推出那幾年，雷軍正在金山軟件學到一些沉痛的教訓。雖然金山軟件從一九八〇年代後期開始營運，但是生意始終很難做。跟許多公司一樣，金山軟件的命運跟個人電腦息息相關，該公司不斷地更換產品，提供各種產品給顧客，從原本是微軟Office軟體的對手，後來推出翻譯軟體和防毒工具等產品。（目前還有部分原始碼是雷軍早期在金山軟件時寫的，專門刪除Windows作業系統電腦上的錯誤程序。）雷軍四度嘗試讓金山軟件股票公開發行上市未果，在二〇〇七年第五次嘗試終於成功。但是不久後，他就卸下執行長職務。

雷軍在金山軟件時，還創辦中國網路書店先驅之一卓越網（Joyo.com），他在二〇〇四年以七千五百萬美元，把這個事業賣給亞馬遜網站。以目前中國網路公司的市值來說，這筆金額不算龐大，但這件事讓雷軍對於網路市場的本質有一些瞭解。正如他後來所說的，他領悟到「做對事情，比把事情做對更重要。」當一間公司順勢而起，管理階層要把每件事做到盡善盡美的壓力就比較小。（雷軍在那些年的另一句名言是：「站在風口上，連豬都會飛。」）到二〇〇七年，也就是iPhone推出那年，雷軍瞭解到金山軟件一直專注的那種個人電腦軟體，根本沒有跟上趨勢，當初任何事情都在善用網路連結的優勢。但還不明朗的是，網路和手機可能多快在中國交會。

就在iPhone推出前，Google已經收購Danger這家公司。Danger生產Sidekick這種創新但小眾的手機。這款手機深受網路創業家和美國青少年的喜愛。Danger也為Sidekick手機設計專屬作業系統，並命名為Android。隨著iPhone熱銷，證明觸控介面既理想實用，而且價格適中。於是，Google的一個團隊迅速修改了Android，採用一套類似輕敲、滑動和縮放的手勢，最後開發出在任何手機上都能使用的替代作業系統。二〇〇九年時，Android作業系統大獲成功，其無所不在意謂著在全球智慧型手機市場中，iPhone將成為利基產品（但這個利基市場相當有利可圖）。看來，手機業的主要競爭已經轉移到矽谷這兩家公司——在八十五號公路上只相隔十英哩的蘋果和Google。

後來這種情況並未發生，因為Google對於硬體方面的唯一專業知識是伺服器運作，結果Google無法設計和銷售人們渴望購買的手機。（我當初就買了Google出的Nexus手機，這支手機實在……很普通。）Google買下Danger並修改Android做到的是，把以往個人電腦市場的動態轉移到手機市場。

在個人電腦市場，蘋果總是軟、硬體一起賣。除了一次災難性的實驗外，蘋果做到讓第三方不可能製造以蘋果作業系統執行的電腦。相較之下，Windows作業系統的電腦，從未受限於單一一家硬體公司。所以，IBM、康柏（Compaq）、戴爾（Dell）和惠普（Hewlett-Packard）都可以銷售Windows作業系統的機器。在Android推出後，現在同樣的動態就適用在手機。

你要買iPhone手機，就只能跟蘋果買。在此同時，只要價格可以接受，有好幾億人願意跟任何供應商，購買足以替代iPhone的Android手機。而最有優勢能滿足幾百萬顧客的企業幾乎都在亞洲：三星（韓國）、HTC（台灣）和華為（深圳，中國長久以來的製造中心）。

現在，東亞製造商的優勢都差不多：有深厚的專業知識，能利用工廠設備解決新奇的製造挑戰；訓練有素的廉價勞動力；投資人熱衷於資助新的製造能力；以及利用手機越過遍及亞洲的傳統電話網路。日本在一九七〇年代後期開發出第一支實用手機，創造一個準備採納手機創新的企業網路，就像一九三〇年代，惠普選在加州創辦公司，為日後矽谷的發展打造企業網路。

這些公司後來都在手機業呼風喚雨，也在一般網路設備產業舉足輕重。華為在二〇一二年成為全球最大電信製造商，合併愛立信並繼續愛立信在歐洲和北美的網路事業。不過，華為和宏達電在中國市場屢屢受挫的原因之一就是個人電子產品。中國消費者在挑選電子產品時，不是只考慮功能和價格（譬如，路由器），還要考慮款式。一旦中國人有可支配所得購買手機，就會把原本只有簡單功能的手機，升級到能表彰身分地位的手機。由於iPhone的價格使然，只有少數消費者才買得起，但是華為和HTC的手機看起來很老派又不吸引人，當然不可能賣得好。三星在逐漸擴大中國市場業務時，掌握到當地高檔美型手機的大多數市場。

對於大多數外行人來說，這個市場看似飽和。到二〇一〇年時，中國電信已同意讓iPhone手機進入本身的網路，掌握市場對價格不敏感的那部分。諾基亞還是為窮人製造廉價可靠的手機，而三星則主攻中階市場。但雷軍要尋找的風口，不是聚焦於硬體，而是集中在網路。

小米是在網路已成為常態後，才成立的中國企業之一。先前獲致成功的中國網路企業，像百度、騰訊、阿里巴巴，從零開始打造網路基礎設施。不過到二〇一〇年時，網路已成為人人視為不可或缺的必備之物。每個時代都有其理想發明，在不同時間點，社會決定由羅馬的道路、擺鐘或蒸汽機來體現人類成就的特質，而成為社會隱喻。用鐘錶運行來形容企業，用鐵路來隱喻協助奴隸逃亡獲得自由等等。在過去三十年裡，軟體使用現實世界中的隱喻，譬如：電腦有文件夾、平板電腦使用翻頁動作來移動檔案、搜尋以放大鏡符號表示（其實用望遠鏡做比喻更貼切）。這些舊模式試圖讓從小使用實體介面長大者，安心使用數位產品，數位產品龐大的複雜性和可設定性被壓縮成一組懷舊圖示，這種模式稱為擬真（skeumorphic），意指模仿早期形式的設計要素。

不過最近，網路就是我們這個時代的理想發明。網路的崛起，從手機到社群網路的壯大，伴隨瞭解網路其實如何運作的新工具之出現。在我們大約花了十年時間習慣網路後，我們開始把期望從軟體充斥的虛擬世界，回歸到現實世界。現在，我們看到擬真模式的逆轉。對於把數位裝置視為理所當然的環境中長大的第一個世代來說，現在他們期望實體物品展現出數位裝置同樣的特性。玩爸媽手機長大的小孩，發現自己不能用手指滑動電視上的影像，通常會一臉困惑。現在，就連印刷品的版面設計也都模仿網頁。學者萊恩・卡洛（Ryan Calo）指出，Google公司已採用「點擊授權」（clickwrap）的法律邏輯，也就是你在下載新軟體或新內容時，會看到的免責聲明。Google位於山景市的總部在螢幕上宣布，進入Google公司後，等於你同意其保密協定。

我們即將看到的情況是，每個複雜物體被重新設計成像執行軟體一樣。這種模式有時被稱為物聯網（Internet of Things），雖然使用的還是原本的網路，只不過世上大多數物體都內建電腦。現在，我們幾乎已經到達那種境界，或許除了手電筒外，需要電池供電的每項裝置，都已內建晶片。（順便一提，你可以測試一下，連電池都已內建晶片。）在這個任何物體都比沙發要複雜得多，而物體至少有一定運算能力的世界裡，你可以透過取得新軟體，而不是購買新的家電用品，來改變你家的模樣或功能。這當然是大多數電腦的邏輯，但它也是智慧型手機的最重要邏輯，下載新的應用程式就能把手機變成一個截然不同的裝置。

對於小米來說，這種轉變是每週一次的事件。每星期的橙色星期五推出微幅修改，最重要的是提高手機運作性能和延長電池壽命。而這正是讓MIUI早期版本廣受用戶喜愛的關鍵。

在簡單環境中，人們透過取得新物體來取得新能力。在複雜環境中，人們透過使用新服務來取得新能力。而且，忙著為智慧型手機增加應用程式的人都知道，應用程式不擅長解決的一個問題是，應用程式過多這個問題。環境日益複雜，總會創造商機讓第三方介入，解決那種複雜度。要在複雜環境中取得成功的一種形式是，讓人們一直付錢給你，讓你控制自己造成的複雜度。這種境界就是小米的長遠目標。正如小米投資人劉芹所言：「我們從不關心賣出多少支手機，我們關心的是有多少人成為忠實用戶。」二〇一一年時，小米其實沒有利潤可言，到二〇一三年時，利潤更是低得嚇人，只有一點八%，幾乎把賺到的錢都再投資本業。（小米在二〇一四年年底籌資十億美元後，現在該公司開始產生實質利潤。）員工人數比初期營收更重要，這種想法是舊式的網路企業模式，是依循雅虎、Google和亞馬遜網站的做法，意即企業先不斷擴增人員，然後才追求營收。

小米一直全力維持重視用戶人數這種模式，甚至在進入硬體領域時也一樣。銷售小米手機產生一些收入，但更重要的是，這樣做成為配銷MIUI介面的一種做法。用戶體驗MIUI是操作手機的一種方式，但實際上這是將潛在的新服務跟硬體做配套。用戶參與是小米的創始邏輯。小米創辦時期只有一小群員工，只有足夠資金完成初期重大事件，之後才開始招募人員。一般公司的狀況是這樣，但對於小米的招募作業來說，他們不只招募新員工，也開始招募新用戶。這是該公司做出許多非比尋常事情中的一件。小米的確為還不存在或發展緩慢的產品招募用戶。然而這些用戶或者至少是潛在用戶，對於小米能多快打造MIUI這項核心產品至關重要。

由於小米是由中國一些頂尖技術專家創辦，我們不免想知道小米第一批用戶究竟是哪些人？這些用戶能提出什麼建議，是小米開發軟體團隊所不知道的？答案很簡單：用戶擁有實際使用經驗。畢竟，每家公司有自己的盲點，產品是在較可控制的環境裡開發和測試，跟用戶實際使用的環境有別。複雜的軟體更是如此。早期用戶讓小米知道，技術專精程度不同的人們設法將MIUI安裝於各種設備時，MIUI的實際執行狀況如何。

這種模式一直持續至今。小米行銷總監魏來表示，新軟體先傳給早期用戶測試，隔天就會收到幾千個報告。這種開放做法是讓小米能夠嘗試、測試並解決本身商業優勢的重要來源，也就是讓小米的服務跟用戶的設備密切結合的作業系統版本。用戶傳回的報告不只是除錯報告，大多數軟體現在都能自動產生這種報告。而且，用戶不只針對MIUI的技術方面提供使用評論和問題，還表明喜歡、不喜歡哪些功能，或是日後希望有哪些功能可用。（狂熱用戶提供更多技術意見，海量用戶提供更多感性回饋）。小米致力於創造價廉物美的產品，其對用戶體驗的重視，表明本身將採取經營自家客服中心的策略。由於小米認為用戶體驗太重要了，這種工作可不能外包。對於企業創辦初期來說，用戶產生的這些報告相當重要。但不像許多網路公司利用早期用戶開發產品，等公司成長壯大後，就冷落這些早期用戶。小米從沒忘記最早期的用戶，不管在私下或公開場合都不忘表達感激。在二〇一五年三月，MIUI用戶人數突破一億時，小米在發表新聞稿慶祝勝利時，就貼心地在第一段新聞稿強調，感謝最初試用MIUI那一百位勇士的辛勞。

小米巧妙地將這種重要感，延伸到其他用戶。當MIUI用戶開始包括不精通技術的一般用戶，小米開始採取會讓大眾感興趣並創造忠誠度的方式。其中最著名的做法就是閃購，亦即宣布在特定時間限量銷售，潛在顧客必須排隊（線上等候），以便設法取得購買該裝置的權利。閃購創造銷售佳績，讓大家想到小米就想到「幾分鐘內銷售一空」的數字。最近小米在印度銷售手機，四秒內就讓四萬支主打平價路線的紅米1S銷售一空。跟小米後來的許多舉動一樣，該公司瞭解這是他們需要早期用戶幫忙測試的部分。雷軍從在卓越網時就深深體會到電子商務的奇特動態，只要操作得當就能創造網站最高交易量，但網站流量會是平日流量負荷的好幾倍。在測試本身電子商務平台的初期版本時，小米選擇販售可口可樂給員工。最初的計畫是每罐可樂人民幣一元（約十五美分），但雷軍決定用更激進的策略，每罐可樂人民幣一毛錢（一點五美分）。即使用戶非常少，卻造成系統負荷龐大。這件事讓小米知道，他們必須增加系統處理能力以應付閃購。

小米位於北京的一間辦公室裡，設有陳列架擺放米粉們針對小米不同產品所做的珍奇版本。用戶在紙板或木板上繪製小米標誌，並畫出手機輪廓，然後把這些東西寄到小米表達感謝。我看過最特別的版本是由幾千個小米粒粘成手機大小的小米磚。這位別具巧思的米粉還在小米磚正面，畫上小米標誌並畫出黑底的基本使用者介面圖示，一共花了三個晚上才製作完成。

小米採用另一種模式是堆疊（stack），這是程式設計師如何描述作業系統的不同概念層，以保持不同種類的軟體有所區分開並便於管理。按照慣例，網路最下層是構成網路讓訊息執行的硬體。這可能是無線網路（Wi-Fi）或電腦後面有一個插頭和傳輸介質（可能是銅、玻璃或空氣），但這所有細節都被隱藏起來，用戶看不到。如果你曾經在行駛中的汽車或火車上用過網路，你就知道把網路存取當成一組可交換服務的重要性。即使你進出好幾個無線網路，但你的瀏覽器仍保持連網。

作業系統介面的標準架構共有七層，跟印度教有七層天一樣，但實際層級少些。愈上面的層級愈接近使用者，有應用層和展示層。所有運算和網路環境都採用這種方式運作，iPhone讓硬體跟網路介面、作業系統和應用程式都有所不同，三星或小米當然也這樣做。而後者的策略有別是因為，他們使用堆疊。

在小米之前，手機製造商將作業系統視為讓硬體物有所值而不可或缺之物。這也概要說明個人電腦在一九七〇年代後期起的初期狀態，人們認為電腦的價值在於硬體，作業系統是被丟進電腦裡的東西。後來，微軟領悟到，當個人電腦成為商品，就必須靠軟體才能賺錢。小米意識到，既然手機硬體可以接受不同的作業系統，那麼小米不必賣硬體，就能讓自家作業系統攻占智慧型手機。一旦有了部分可運作的產品，就能以唯讀記憶體（ROM）的方式傳送產品，亦即一組能在手機上執行且不變的基本指令。小米最初的百位用戶和後續加入的用戶馬上將這些唯讀記憶體，使用一種稱為側載（side-loading，不必要求就能安裝）的程序，安裝在自己的摩托羅拉、三星和HTC手機上。雖然硬體和軟體之間的層級介面，已是業界半世紀以來的慣例；雖然電腦史上最大財富來自銷售作業系統（並未跟硬體配套銷售），但小米卻是真正利用手機投資這個高招的第一家公司。

但是，當MIUI逐漸改進並擴及更多用戶（這兩個效果交互作用），顯然下載並安裝新作業系統始終是少數人才會做的事。當一開始只有百位用戶，用戶數增加到一千人時，就等於增加一千%，以原先的小用戶群來說，可說是高速增長。消費電子產品製造商之間的經驗法則是，八五%的用戶絕不會改變任何出廠設定。（這就是幾百萬台錄影機上閃爍著「12：00」數字的原因。）因此，小米能取得的最大市場規模就占據整個市場的一五%，而且他們甚至還要說服這些用戶實際下載並安裝MIUI。早在小米取得百萬用戶前的某個時間點，「在您的手機上安裝我們的作業系統！」這個策略就即將失靈了。

就像日本戰後東京通信工業株式會社（Tokyo Tsuhin Kogyo，後更名為索尼公司進軍全球市場），小米一直渴望成為全球企業（還以鉅資收購Mi.com網域名稱）。該公司的第一個海外據點在新加坡，跟中國一樣都是技術官僚政府，但有不同政黨，而且允許更大程度的言論自由。（新加坡這個人口只有五百三十萬的城市國家，當然跟國土遼闊且人口眾多的中國無法相比。）新加坡比較像是一個海外據點，不是一個二級市場。小米從那裡將營運擴展到馬來西亞、印尼，以及另一個大國，印度。小米進入印度市場，就遭遇一般中國企業擴大國外營運時，會遇到的各種問題。在印度開業初期就被愛立信控告，迫使小米停止手機販售，先跟愛立信針對專利聯盟進行協商。在銷售被暫停後，名為XiaomiShop.com小米公司網站仍然在印度銷售被禁售的手機。當愛立信抱怨此事時，小米指出本身跟XiaomiShop.com毫無關係。XiamiShop.com是跟中國網路商店購買小米手機，再轉售給印度消費者。

跟中國相比，印度的經濟一團糟。依據不同衡量標準，中國的人均國內生產總值是印度的二到四倍之間。但目前印度的經濟成長比中國迅速，而且小米想在印度施展「為講究設計的用戶打造低價手機」這招，不保證會成功。印度總理納倫德拉．莫迪（Narendra Modi）曾公開呼籲，要小米在印度製造手機。而Micromax和Lava這些印度企業，目前則試圖複製小米的做法，進軍本土市場。（Micromax剛擠掉三星，成為印度第一大手機供應商，簡直是小米的翻版。）其他國家的手機市場當然重要，但卻沒有印度和中國的手機市場重要，畢竟世界上只有這二個國家擁有十億以上的人口。小米的擴張是基於結合高品質工業設計（不只是工業生產）的中國製造將是什麼模樣，也讓這種中國製造接受國際市場的考驗。

工業設計只是小米追求目標的一部分。小米持續著眼於本身為一家服務公司，而線上服務似乎是全球化的一個明確要項。網路是讓用戶進行國際傳輸不必額外付費的第一種通訊媒介，電子郵件可以輕易跨越城鎮、遠渡重洋。這種易於採用的特性是美國網路公司擴展國際市場時的主要優勢之一。以臉書為例，不管在印度、澳洲或世界各地使用的臉書都一樣。不過，中國的臉書是二〇〇五年推出的人人網（中國的Google是百度，而中國的推特是新浪微博。）

這些中國網站全都成為龐然大物，其中許多網站在二〇一〇年代初期，股票已經公開上市。這些中國網站原先的競爭優勢是語言，當時美國網路公司並未積極進軍國際市場，而且網站翻譯成多國語言（「在地化」）要花大錢又耗時間，因此本土中文網站就具備一項文化優勢。

其次，過去五、六年內，中國網路公司也已出現技術優勢，因為中國政府領悟到，社交媒體替政治對話創造一個場所，而更令中國當局擔憂的是，人們可以透過社交媒體，為現實世界的行動協調聯繫。中國當局在觀察二〇〇九年六月伊朗反政府暴動期間，以及國內新疆烏魯木齊自治區騷亂後一個月，瞭解人們使用社交媒體的情況後，開始封鎖西方世界的網站，尤其是臉書和推特這類網站。

中國政府也決定，任何用戶生成內容的文字和圖片，以及用戶日漸增加的影片，應該由中國企業所有，以便將外界影響降至最低，並盡量擴大北京的監督。（去年，臉書考慮投資小米卻被雷軍婉拒，有部分原因是政治考量。）這種封鎖和本地控制的組合，讓中國政府可以防止人民看到二〇一四年年底，香港支持民主運動期間，由幾千支照相手機發送的圖片。中國政府直接封鎖國外相片共享服務網站，並指示本地應用程式供應商有這類圖片出現就要刪除。中國政府從未徹底成功過，但因為他們的目標是避免大多數中國人看到這類圖片，所以也沒必要大費周章做到滴水不漏。

此後，這種封鎖續存至今，並已擴大到許多共享內容的其他網站，包括YouTube、WordPress、Instagram、維基解密等等。當世上其他人都集中在一小群大型社交媒體網站時，中國是唯一一個擁有自家強大社交媒體為其人民服務的國家。

在過去十年成長茁壯的中國網路服務公司，通常是由在美國深造過的精英人才經營，這些人都懷抱帶領公司進軍全球市場的宏願。由於在任何地方提供網路服務是相對容易的事，這些公司似乎可能成為中國對外出口的好標的。然而，跟製造企業不同，中國網路服務事業面臨全球化的嚴峻挑戰。第一個挑戰就是語言。看得懂中文的人大都住在中國，因此任何中國網站已經接觸到大部分的潛在觀眾。相較之下，非英語系國家會說英語的人口，就比英語系國家的人口多很多，比例為五比一。因此，業者不必將網站譯成當地語言，只要在任何國家推出英文網站，就能接觸更多全球潛在用戶。

中國網路服務事業的下一個挑戰是商業。眾所周知，中國的銀行體系跟世界其他地方脫鉤（只要在高級飯店以外的地方使用信用卡，很快就會發現這個問題）。在中國為線上交易進行優化的任何網站，都已投資跟語言一樣不可移植的專業知識。同樣地，中國對於要求智慧財產權的執法相對寬鬆，這意謂著進軍國際不僅要把原本熟悉的市場拋諸腦後，也要放棄政府在一些關鍵事項上的保護。淘寶和天貓這兩家中國最大電子商務網站，其母公司阿里巴巴進軍美國市場不到一年，就把11 Main購物網站關掉。事實證明，在中國電子商務市場掌握主導地位，並非是一項能轉移的優勢。

中國網路事業進軍國際接下來要面臨的挑戰是，認知。由於中國駭客入侵外國政府網站和企業網站的消息不斷，加上中國政府的網路設備供應商從思科這類國外供應商，轉移到像華為這樣的本國供應商，讓外國政府和外國人更加擔心使用中國託管的任何服務。

最後，中國網路事業進軍國際時，還會面臨在中國威權政府下運作的挑戰。封鎖創造一種讓當地企業能夠蓬勃發展的環境，但就像所有受到保護的關係一樣，受保護者也會因為保護者的濫權所累。在二〇一五年四月，中國推出網路審查新機制，利用被戲稱為「大砲」(Great Cannon)的網路攻擊工具。這次攻擊目標是位於美國，以追蹤和打擊中國網路審查機制的GreatFire。大砲攔劫傳入中國的流量，並將這些資訊透過網路轉變成攻擊武器，以無效請求灌爆目標網站。大砲攔劫的大部分流量來自中國搜尋龍頭百度的用戶。儘管百度在中國境內是廣受青睞的品牌，而且跟政府有良好的合作關係，但是當發動攻擊的時刻來臨，中國政府為了進一步達成本身的政治目標，不惜敗壞百度在全球舞台的品牌名聲。

當小米試圖出口其服務事業，而不僅是出口硬體產品時，就已經面臨到這些問題的其中幾項，而小米日後會面臨更多問題。該公司已重金投資在本身對外的英語溝通。從Google挖角來的主管巴拉，是小米的全球發言人。雷軍出現在印度小米4i新機發表會上秀英語時，一度為了炒熱現場氣氛而大聲叫喊：「你們還好嗎？你們還好嗎？」聽起來更像是醫務人員，不像執行長該有的口吻。後來優酷(中國的YouTube)上出現許多嘲笑雷軍英語的影片，但也有人對他努力講英語給予肯定。

小米也透過花大錢讓本身電子商務網站Mi.com提供多國語言功能，以及選擇在不同國家跟當地網站合作，以接觸到更多當地消費者，譬如在印度跟Flipkart合作，藉此已解決大部分的商業優化問題。

當然，認知這個問題比較難解決。從將印度手機的數據傳回北京總公司伺服器的失策行徑，小米已經得到教訓。日後，這個問題可能會惡化，因為習近平政府將繼續嚴厲打擊社交媒體，以及不受共產黨直接監督、支持公民社會的任何事。況且，在中國和美國透過電子硬體與軟體加深兩國之間的貿易冷戰之際，小米面臨的消費者認知問題，當然可能惡化。再加上這項威脅持續存在：中國政府可能做一些事情，損害大眾對於中國網路服務事業的看法（就像先前中國當局對百度做過的事，小米很可能也遭遇同樣的對待）。

藉由硬體和軟體的連結，小米試圖縮短物品容易出口而服務難以出口的差距。雷軍對於小米所抱持的宏願，就像盛田昭夫（Akio Morita）執掌索尼時那樣，想將「日本製造」的形象從廉價製造品改變為高品質產品。但這意謂著，要強調中國生產的聲譽，同時避免獨裁控制的惡名。

由於創辦人雷軍打從一開始就想把小米設計成一家全球化的公司，因此小米比任何中國服務公司具備更好的機會。小米4i在印度推出時，十五秒內就賣出四萬支手機，雷軍在這款手機發表會時向《華爾街日報》表示：「小米的使命是改變世界對中國產品的看法。」（這款手機是小米4的中階款，是將小米4按照比例縮小，在印度售價為一萬三千盧比，約為二百美元。iPhone 6要八百美元才買得到。）如同該報指出，對於雷軍實現「第一個名揚四海的『超酷』中國品牌」這個全球野心，進軍印度可是相當重要的一個步驟。小米需要的高超本領是，如何在成為超酷全球企業的要求和對國家忠誠的中國企業之間，取得巧妙的平衡。

6 自造者運動

自造者運動近期在美國成為新潮流，以反主流文化對立態度的複雜情節出現。相較於此，中國的自造者運動毫無懷舊情懷，因為這個國家知道如何製造物品，只不過是不久前的事情，因為便宜的緣故。

Little Rice

Smartphone, Xiaomi, and the Chinese dream

中國是世界製造總部，也是全球自造者的聖地。利用群眾募資網站Kickstarter，設計出lucida鏤鏡投影繪圖工具二十一世紀升級版的葛蘭．李文（Golan Levin），就決定讓他的產品在中國製造。當我問他從美國自造者文化和中國製造專業的結合學到什麼時，他說：「跟中國製造商交談時，最難懂的事情是，沒有展示架。他們會問：『你想要什麼樣的螺絲？』我們會說：『好吧，讓我們來看看，你有什麼現成的螺絲？』他們會再問：『嗯，是要做什麼用的？』」

李文說他們四處看看後才明白，這些製造商根本沒有架子展示現成品，製作任何螺絲都很便宜，所以製造商接單生產。製造商沒有自己的螺絲，只有機器製造螺絲，所以你可能每樣東西都要從頭開始設計。李文往最上游供應鏈去找，卻沒有找到更多供應品。

我們仰賴電子設備強化我們進行的每項活動，但我們已經跟技術如何被發現的方式漸行漸遠。儘管電腦上標示著內建英特爾處理器，但我們很少真正看過晶片、主機板、圖形處理器或硬碟。現在，我們都從專賣店買電腦，已經不再自己組裝電腦，也都不認識自己組裝電腦這種人。麥克・戴西（Mike Daisey）的單人脫口秀《賈伯斯的悲與喜》（The Agony and the Ecstasy of Steve Jobs），談論到蘋果與中國的糾葛情節，內容混淆視聽，故事卻說得相當精彩。戴西講起自己還記得人們擁有的每樣電子用品都是自己做的那個時代。二〇一一年，在美國出售的一支iPhone手機，手機裡面還有測試照片。那是中國南方電子產品製造商龍頭富士康內部一名工人拍的照片。這件事引發媒體大肆追查，可說是人類努力探究製造作業的罕見事蹟之一。

在中國任何大城市和大部分中型城市（意思是人口比西雅圖多的幾百個城市），都將出現一個大型電子賣場，賽博數碼廣場（Cybermart）就是這類大賣場之一。這類多層樓商場像商展一樣，分成不同大小的攤位，每個攤位租給不同商家。對美國人來說，這種狀況有點太瘋狂，但是這樣做確實奏效，而且在這類賣場裡逛逛，大概就能明白中國生產哪些電子用品。只有在這裡，你才能從底層開始瞭解，再往上探究。

零售樓面面積的經濟學意謂著，引人注目且利潤高的商品是在街道樓層，而利潤低的劣質商品就在頂樓。通常，賽博數碼的一樓是乾淨明亮的展示樓層，有幾個比較大的攤位銷售像三星、蘋果、索尼和聯想等高檔品牌。除了中文招牌外，其實跟在俄亥俄州的電子賣場百思買（Best Buy）沒兩樣。

一樓是這類賣場最無趣的部分，上面的樓層才是真正有趣的地方。

每走上一層樓，你會發現攤位面積愈來愈小，賣的商品愈來愈多。（中國電子產品零售仍然規模很小，大概都是夫妻倆經營的小商店，小孩放學後就在店裡幫忙。）在這種店裡會看到更多中階品牌，宏碁和華碩的筆電，OPPO和華為的手機，以及即將被淘汰的翻蓋手機和諾基亞手機。你可能還會看到一些名義上禁止，實際上還在賣的遊戲機和遊戲，譬如：任天堂的Wii。還有很多配備像是滑鼠、操縱桿、充電器和收納包等等。賣場裡通常有小食堂讓工作人員用餐，可能也有全家或7-Eleven這種便利商店。每隔一陣子有新產品出現時，賣場裡有一半商家都會賣這種新產品。去年秋天就以簡報用雷射筆最夯，今年春天則是LED發光傳輸充電線。跟街道樓層乾淨明亮的攤位不同，樓上的商家就像是有中國特色的RadioShack賣場。

在這種樓層的後面（或是在更大賣場的更高樓層），你會看到環境再次發生變化，有攤位賣一些大多數美國人二十年內沒看到的東西：零件。想要自行組裝電腦嗎？在這裡可以找到所有零件：機殼、電源、主機板，任何接腳配置的隨機存取記憶體，還有足以儲存你在世界各地度假照片的硬碟。（你上次看到散熱器是什麼時候？也許你從來沒有看過散熱器？在這裡可以看到整大箱，而且價格很便宜。）這裡沒有戴爾或索尼這類品牌商品，很多東西都是南亞或West Digital，這些公司就是讓戴爾和索尼的產品值得擁有的供應商。在中國，人們還是習慣自行組裝電腦，美國人早在Windows 3.1推出後，就改掉這習慣了。賣場這部分的氛圍更像倉庫，不像零售商家。幾乎沒有廣告，店面也不講究風格，來到這裡的顧客都知道自己想要什麼，而且懂得貨比三家。

除了放眼望去不熟悉的電腦零件景象，還有一個不熟悉、帶有煙燻和金屬的氣味。這就是焊料的氣味，將所有電子零件以錫和鉛的熔融混合物，接合在一起所發出的氣味。拿著焊槍的人進行所有組裝、修改和維修任何有螢幕的東西。（任何大城市裡的中國城或許也能找到這類商家的迷你版）。在這些店家，你會看到破損螢幕到處都是，這些碎玻璃足以改裝美國零售服飾Urban Outfitters每間分店的外觀。你知道你的電子產品下方標示「請勿自行拆卸或修改本設備（No user-serviceable parts inside）」是什麼意思嗎？這裡的人對這個訊息可是嗤之以鼻。賽博數碼的這部分賣場，不是一般零售賣場或賣原物料的攤位，而是具體展現中國人跟電子用品之間的關係。他們把電子用品當成你可以製作和修改的普通物品，一點也不神秘。

這跟美國的情況形成強烈對比。最近，自造者運動（Maker Movement）才在美國成為新潮流，以反主流文化對立態度的複雜情結出現，比較像是社會信號而不是真正支持自己動手做（DIY）。自造者運動涉及誇張的DIY產品，依據對以往美國製造業的懷舊背景所做的設計和組裝，通常小批量製作供手工製品鑑賞家收藏，創造一種引人注目的生產形式。

與此同時，在中國並沒有任何依據懷舊發動的自造者運動，因為這個國家知道如何製造物品，只是不久前的事罷了。自製品在這裡可是道道地地的自製，一是因為自己做便宜，或是因為你需要的東西並不存在，你得自己做。中國製造業的文化這樣說：「喂，這裡有YSL的合成皮皮包。」這種說法到處都聽得到，實在無趣。但是撇開山寨手錶和手機外，在中國，品牌仍舊像美國一個世紀前所代表的意義那樣，在周遭環境充斥許多劣質商品之際，品牌就是品質的象徵。公司可以生產更昂貴但更可靠的吸塵器，只要能傳達這個事實讓需要吸塵器的人知道，生意就能一帆風順。中國國產品能有高品質的品牌實屬難得，直到最近光明乳製品推出攝氏四度保存，保存期限七天這種高檔牛奶，才算其中一例。另外，中國最好的家電公司原名青島電冰箱公司，後來改名為海爾，讓人們以為是德國企業。

在中國，擁有價格可以接受且品質又好的品牌，可是相當了不起的事。由於這個國家的人民還很窮，就像在大蕭條時期長大的許多美國人會精打細算那樣。去年秋天，我去當地賽博數碼廣場買一支小米4，那是小米3之後最夯的中國手機。我開完會直接去那裡，所以看起來像商務人士而不是書呆子。我到二樓賣小米手機的攤位，櫃檯後面有位女士注意到我。我這個禿頭白人老外，講了一口帶有美國中西部平直口音的洋濱普通話又西裝筆挺，看起來就像卡通裡面，口袋百元鈔票多到要掉出來那種凱子。我表明想買中國公司製造的最高價手機。櫃台後面那位女士看了我一眼，用英語跟我說：「你別買那款手機，太貴了。」中國人精打細算到這樣：如果他們認為有些東西太貴了，就算冒犯顧客也要說實話。這種事在百思買可不會發生。

沒錢是發明之母：因此，在中國很多設計是為了省錢。愈便宜的手機，就愈可能是雙卡手機，這樣你就可以切換網路來省錢。電子市場到處都是各類型影音設備和網路的切換器、分接器和轉換器，因為人們不想把舊東西扔掉，只是幫舊東西找個新地方使用。在這裡，高科技和低科技，客製化和臨時應急的系統，全並排叢生，可是司空見慣的景象。

這種普及的製造能力，可能是讓小米有今日成就的原因之一。小米在二〇一一年開始走入製造業，部分原因是原本幫別人的硬體優化自家軟體，得到的價值有限而深感挫折。還有部分原因是，在創業第一年維持他們的技客熱情，並非平均分佈在世界人口中。（想想看，你上次更換手機作業系統是什麼時候的事了？）對於原本一直從事軟體開發的公司來說，進軍製造業可是一項巨大轉變，其中包括進行一系列人才招募，因為共同創辦人以往大多從事軟體與服務。事實上，外界一直認為小米不可能推出硬體產品，中國業界謠傳小米可能跟想進入中國市場的硬體公司合夥，譬如：摩托羅拉、LG，由這些手機廠商提供預先安裝MIUI作業系統的手機。

小米手機的出現是一個驚喜，而且小米手機是在眾人質疑之下推出。正如當時一位分析師表示：「這種手機設備市場很有侷限性，因為只滿足一線城市的顧客。我覺得小米對於手機市場的看法太過天真。」就連關心中國手機市場進展的人，都不瞭解消費者偏好多快就徹底改變。在這個市場上，有幾億人在找夠好夠便宜的智慧型手機。

跟軟體不同，推出新的硬體品牌突顯出一個雞生蛋或蛋生雞的兩難問題——如果你沒有顧客，零件供應商不願意把東西賣給你，有部分原因是承包生產每樣東西都要承擔兩種風險，一是能不能收到錢，一是為了生產就要備妥相當數量的庫存（譬如：一定尺寸的螢幕、一定數量的記憶晶片）給幾家小廠商，但又碰巧三星這個大客戶臨時跟你調貨。另外，同時處理幾家小公司的事情跟只和大企業打交道，兩者耗費的成本是不一樣的。這些難題最後就反映在硬體成本上。買一百台螢幕建立測試模型的公司，買進每台螢幕的成本大約三十五美元，但是一口氣買十萬台螢幕的公司，買進每台螢幕的成本只要二十美元。這對新品牌的進入設下障礙，電子零件批發供應商寧可跟幾家大公司取得大訂單，而不願意應付許多小公司的小訂單。

小米對這個問題的反應是，仰賴本身在線上商務的專業知識，加上本身初期市場的潛在規模。規模小的新公司面臨的問題是不確定性，預測需求對產品零售來說，是出了名的難題。由於本身跟米粉互動的經驗，小米能夠在手機還沒生產前就先預售，消費者的預付訂金就能讓供應商安心，小米也能依據可見的需求跟供應商談價錢。線上銷售讓小米可以在需求出現後再購買零件。（電子產品生產的持續升級意謂著，某些零件的價格在一週內就會跌一％到二％。）此外，線上銷售也讓小米能分批生產手機，不必連續生產備貨。這讓小米只在可以取得零件時，才製造和銷售手機。

這所有一切都讓小米善用本身原有市場，作為在成為全球企業前，獲得初期成長的準備區。中國手機用戶人口超過美國和西歐的人口加總。（不只是超過後兩者的手機用戶人口，而是超過後兩者人口的加總。）在中國，有將近九〇％的成人人口擁有手機（而且在許多家庭來說，手機是唯一的通訊工具）。小米的崛起表明中國市場日趨成熟的另一個階段，從只想擺脫一九七〇年代和一九八〇年代的赤貧，到當地市場因為廉價商品激增，做得更好也更有價值的物品則都出口國外。到現在，中國企業可以設計出在世界各地都暢銷並賺錢的產品。雷軍似乎下定決心要證明，中國不只是廉價工廠和仿冒品，中國品牌甚至可以被覬覦和崇拜。想想這個國家在一個世代以前的情況有多麼糟糕，就知道中國能發生這種轉變，簡直是一大奇蹟。

7 中國夢

中國提供人民一個希望，這也是大多數國家大多數人民始終想要的事：一種生活越來越好的感受。中國夢的另一個部分是，個人的成功與國家的成功之間的聯繫。在中國的許多地方，是最重要的部分。

Little Rice

Smartphone, Xiaomi, and the Chinese dream

很難形容中國在第二次世界大戰結束時有多麼窮，當時西方國家開始步入三十年的成長期，讓我們的經濟領先世上大多數國家。戰爭結束後不久，毛澤東的軍隊終於把國民政府趕出中國，讓國民政府落腳台灣。在急於趕上其他國家，並堅信以計劃經濟替代市場經濟（當時這似乎是一個好主意）的情況下，中國共產黨將注意力轉向重建這個遭受二十年內戰、其間又被日本駭人侵略的國家。

毛澤東是一位出色的軍事指揮官，卻不是和平時期的優秀領導者。他在掌管這個極端貧窮的國家後，迫切渴望取得進展，一開始統治就做出兩個重大決定。首先是眾所周知的大躍進。這是包括農業集體化在內，於一九五〇年代推行的一套國家政策。試行農業集體政策的國家都徹底失敗，但其中以中國最為慘敗。大躍進引發的飢荒在三年內就奪走二千萬人到四千萬人的性命，是人類史上最慘絕人寰的事件。

毛澤東的第二項決策比較不為人所知，那是基於他天真的算計，認為「人多力量大」。仿效蘇聯制度的同名政策，毛澤東推動鼓勵生育的政策，將生育許多小孩的婦女稱為「英雄母親」(Hero Mothers)。當時包括大多數開發中世界的許多國家在內，人口成長都持續下降，但中國每位婦女平均生育六個小孩。在後續二十年內，即便中國遭受農業制度阻礙，其增加的人口也多達南美洲的總人口。

毛澤東的最後一個重大方案是在一九六〇年代後期推動文化大革命，讓國營事業（等於中國所有產業）的升遷不是依據個人能力，而是依據個人思想是否符合黨的要求。大專院校都關門了，青少年離開學校，被派去破四舊：舊思想、舊文化、舊風俗和舊習慣。（在參觀杭州一個滿是佛雕的洞穴裡，我注意到離地面層的佛像臉部都被砸毀，而較高牆壁上的佛像卻是完整的。我跟導遊詢問此事時，她只是說：「那天高中學生沒帶梯子來。」）

後來，毛澤東去世。這並不令人意外，他被帕金森氏症折磨多年，但到死前還是大權在握，讓中國政權沒有做好接班的準備。毛澤東留下貧窮擁擠的中國，工人或管理階層都沒有能力，而且教育體系已停止教育。毛澤東死後由溫和的政客華國鋒接班幾年，實際掌權者是已年邁又有點重聽的鄧小平。鄧小平的工作是瓦解毛澤東時代對中國做出的最大破壞，而當時全世界只有一個夠大的工具能解決中國的問題，那就是：市場。

富裕國家的許多共同特質包括：手機、廣播媒體、電力，才剛由中國上一代在全國各地建設完成。對中國人來說，區域公路系統是最近才出現的事，而目前全國大興土木的熱潮根本前所未見。中國在二〇一〇年到二〇一二年，這三年內用掉的水泥，比美國在整個二十世紀用掉的水泥還多。（而且是多很多：前者為六十八億噸，後者為四十五億噸）。

但市場的到來，也帶來龐大的經濟差距。北京東邊的大都市天津，人均地區生產總值是農村城市貴州的四倍，比康乃狄克州和密西西比州的二倍差距更多。我在陸家嘴東邊工作，你在照片上看到上海摩天大樓林立和包括正大廣場在內的豪華購物中心，就是在那裡。上海就是未來，科幻電影《雲端情人》（*Her*）和《迴路殺手》（*Looper*）都在這裡取景。上海的景觀大樓跟電視一樣雙倍成長，地鐵票價也近乎雙倍成長，這裡還有世上唯一的商用磁浮列車，每十五分鐘發車到機場。（交通創新是上海持續出現的主題，我有一位鄰居就騎獨輪車通勤。）但是中國內地的情況卻剛好相反，我朋友凱文·凱利（Kevin Kelly）到中國內陸旅行時，他說他每到一個地方，就以當地有多少金屬工具，判斷當地的技術先進程度。而中國內地仍有些地方只有少數金屬工具，建築物也完全由石頭或木材建造。

然而，雖然中國的貧富如此懸殊，但是全國各地的人民卻都有一個中國夢。中國政府一直花言巧語地宣揚國家的偉大，即使在中國國力很弱時也這樣做。（中國的國名常被翻譯為「中等王國」〔Middle Kingdom〕，但其實「中央之國」〔Central Kingdom〕在英文上更接近其意思，亦即在世界中心的國家。）讓當代中國夢如此非比尋常的原因是，這也是幾億人民共同的夢想。中國夢從一九七〇年代揭開序幕，也許當時剛好苦難時刻結束了，大躍進的災難和文化大革命的瘋狂可以被擱置一旁，普通老百姓不僅可以安貧度日，也能讓日子更好過些。中國夢的個人部分跟美國夢很像，人們開始渴望擁有自己的房子，一切就跟市場經濟任何參與者的抱負密切相關：如果你努力工作，你的生活會有所改善，而這種改善將包括物質生活舒適和擁有自己的房子和汽車。

中國開放市場一直堪稱是人道主義的勝利。毛澤東時代的中國窮到民不聊生，但是經過短短一個世代，中國的貧窮率已經從一九八一年的八四%，到二〇〇八年時大幅減少到一三%。中國經濟已經從讓幾億人勉強糊口，進步到讓幾億人舒適度日的榮景。隨著中產階級人數日漸增加，中國人民也開始渴望工業化國家人民曾經需要或想要的任何東西，從鞋子到空調等眾多商品在內。而且，這個市場相當龐大。如果你生產某樣東西能受到中國五%人口的青睞，這個潛在市場就相當於法國整個市場規模。

由於一九七〇年代中期時，運輸網路還很糟糕，個別鄉鎮已經習慣為自己使用的機器，自製零件進行更換。因為要設法購買所使用機器的原廠零件並運送到府，根本是不可能的任務。這些所謂的鎮村企業（正是本地製造、拼湊技術被說成山寨版的緣由），成為現代中國第一個成功故事，也是當今這個出口導向大國最初的發展曙光。當後毛澤東時代的政府努力讓鐵路網再次動起來（有一段時間，中國最高領導人的待辦清單上，還列出鐵路工人統一午休時間這個事項），鎮村企業開始能將當地產品，運送到其他地區。

生產加上運輸就占中國經濟的三分之二，但還需要顧客，不過當時中國能買的產品相當少，根本沒有國內市場可言。國家徵收生產重工業所需的材料，消費者需求還只是勉強糊口的必需品，譬如食物、服裝、家庭用品，這些東西都很便宜。據說，鄧小平驚訝地發現，經過幾十年的共產主義革命後，中國一般家庭還買不起收音機，而中國城鎮住家的電力供應，也是在一九九〇年代才完成。

如果你想用兩張簡報比較美國經濟和中國經濟之間的差異，只要參考機上型錄裡面讓人遐想的廣告做比較就行。在美國航空業者的班機上，美國老字號機上購物雜誌SkyMall最近宣告破產，因為美國聯邦航空總署（FAA）決定讓人們在飛航時繼續玩手機遊戲。由此可知，在美國這個市場，有錢搭飛機的人已經生活無虞，不需要買任何東西。那麼，SkyMall這本機上購物雜誌裡，究竟刊登哪些商品讓美國人遐想呢？小狗專屬的戶外躺椅、珠寶鏡櫃、手柄有LED燈的鍋鏟。SkyMall機上購物雜誌是一種購物文化，讓中產階級認為：「嗯，我可以買一個俄羅斯方塊燈，充電式加熱拖鞋或許也不錯。」中國的白日夢可不一樣。中國機上購物雜誌賣的是：電鍋、嬰兒溫度計、平底鍋、吸塵器、熨斗，削皮刀和雨傘。這就像是使用QR碼的席爾斯百貨（Sears and Roebuck）。這種購物文化讓中產階級認為：「嗯，我想我需要一組湯匙，可能還要一台烤箱」。

在中國，中產階層的普通配備在這個世紀才開始普及，而且這個過程目前還在持續中。我家人最近搬到上海浦東較新開發的區域，我們在這附近看到許多年輕父母，他們是家庭中能上大學的第一代，也是擁有不沾鍋或能幫小孩買有輔助輪兒童自行車的第一代。在美國，與中產階級舒適生活相關的許多改變，是發生在第二次世界大戰結束後那幾十年內。但中國這個國家卻以不同方式邁入現代化社會，如果只是瞭解在這裡過活的基本常識，那麼來到這裡做生意的美國人都變成中國通。在中國的大城市，所得日漸增加、都市化、專業化、教育、物質享受、手機和社交媒體都在同一時間出現。有時，你可能在同一天下午覺得自己穿越時空，有些景象讓你回到一九五五年，有些景象彷彿一九九五年，有些則讓你感覺在二〇一五年。中國剛開始發展時，物資缺乏且基礎設施落後，加上國家規模龐大，讓中國經濟擁有一個奇怪的彈簧特性。這裡的趨勢往往比世界其他地區晚一些，但是一旦趨勢發動，就會相當迅速且勢不可擋。從小米對智慧型手機的推測就能看出這一點：當智慧型手機普及率低於一〇%，雷軍和共同創辦人就看出中國的趨勢走向。到二〇一二年，也就是他們推出自家第一支手機的短短一年後，雷軍說：「我預期到二〇一三年時，有三分之二的中國人使用智慧型手機。」跟任何國家在採用手機所發生的迅速改變一樣。（事實證明，雷軍是對的。）

這是中國夢，是中產階級公民的信念，他們相信努力會得到回報，也相信能把絕大多數的回報保留給自己。中國提供人民一個希望，這也是大多數國家大多數人民始終想要的事：一種生活愈來愈好的感受。中國夢的另一個部分是個人的成功與國家的偉大之間的聯繫，這跟美國夢的背景依據相同。但在中國的許多地方，這卻是最重要的部分。這是中國夢，是中國政府正在全國各地的看板和在公開發言時積極推動，要全民共同落實的目標。

北京當局想要的國家是：公民享有高度的經濟自由，高度的個人自由，以及低度的政治自由。這是一個既奇怪又新穎的組合。雖然共產主義的創始可以追溯到一八〇〇年代初期，但是提供人民一個動態市場和對自己如何過活的眾多個人選擇，以換取人民對政治的默不作聲，這種政府可是二十世紀後期的一項發明。先前，只有在自然資源豐沛（尤其是石油）的專制國家，才可能讓人民購買得以滿足個人的商品。沒有這類財富的專制國家幾乎全部採用各種公開威脅，做為維持人民不干預政治的一種方式。（羅馬尼亞和南斯拉夫的共產主義就是採取這種做法。）相較之下，中國的做法相當獨特。中國運用充滿活力的市場說服人民，人民對於政府治理的意見既不必要也不相關。

這個由市場支持的協議，效果幾乎比所有人預期的更好，但是中國人確實因為經濟發展而有好日子過，經濟趨勢也持續迅速上揚，可惜現在這種榮景開始劃下句點。中國夢是習近平企圖對付這股安逸成長告終的手段。他全面提倡建立一個適度擴大需求的繁榮社會，就是設法打壓中產階級對市場經濟和政治進步的期望不斷提高的一種方式。這些全都列入他的長期目標，也就是要帶領中國一黨體制，變成某種自治規範，同時說服中國廣大群眾，接受經濟成長趨緩和貧富懸殊擴大等事實。

中國夢是一種創造民族自豪的精心策劃形式，現在看來這種經濟普遍改善的中國舊夢即將結束。就像一九七〇年代出生的一位中國商人去年跟我說的這段話：「我們很幸運。我們年輕時，中國什麼都缺，所以不管我們賣什麼，都能賺到錢。但是對現在的年輕人來說，只有網路事業還是這樣。」小康社會是生活在中國的安慰獎，中國在創造更多百萬富翁和億萬富翁之際，民眾的經濟生活改善速度卻逐漸趨緩。鄧小平說讓一些人先富起來，即使政府高官還很窮，當時這工作容易得多。習近平的工作就很艱難，他必須說：「大多數人沒富起來，沒有關係。」政府最重要的工作是讓青少年打心底擁抱中國夢。中央指示教育機構開始推動習近平的構想，這消息是從負責草擬和傳達黨指示的中共中央辦公廳洩露出來的。

中國夢要解決的威脅是一個公共領域的創立，大眾可以在這個地方討論現況與期望之間的差距。在班尼迪克特・安德森（Benedict Anderson）的出色著作《想像的共同體》（*Imagined Communities*）中，他描述當地報紙如何在印尼被殖民期間，凝聚印尼人民對當地的認同，最後終於跟荷蘭統治者形成對立。過去這兩個世代，中國政府已對媒體嚴格控制，網路普及表示中國首度面對一個無法控管的公共領域，這個改變已成為當前政府的重大關注事項。國家各種發言管道開始以幾近末日的措詞，在網路上討論中國的民意。中共最重要的官方報紙《人民日報》，刊登一篇社論說，線上媒體「已經成為輿論鬥爭的主要戰場，其在整體新聞宣傳架構的重要性和地位也日漸明顯」。一年後，解放軍報刊出一句話說：「網路已成長為一個意識形態的戰場，誰控制這項工具，就是這場戰爭的贏家。」

現在，中國社交媒體當然還有很多名人八卦和有趣圖片，但也有與政治相關的實質對話，以至於政府必須打壓學者和媒體的政治言論，也必須打壓民眾的政治言論。二〇一三年時，幾位在微博有百萬粉絲的用戶（即所謂的大V用戶，其身分經過正式驗證），因為談論政治而遭到逮捕或恐嚇。中國當局這樣做，有助於從公眾領域消除一些公開的政治言論，但是中國當局在中產階級日漸出現之際，也發現這群人的需求改變了，同時他們對政治的定義也隨之改變。現在，政治包括各式各樣的議題，譬如：食品安全、制定營建法規、運輸安全等等。這些資料當中，有一些對政府是有用的，政府在溫州高鐵追撞的可怕事故發生後，允許網路上對鐵道部部長的大肆批評，做為後續解僱鐵道部部長的前兆。但政府也再三看到，任何公眾投訴的廣大論壇，最後都要求根除政府的貪腐。

跟所有專制國家一樣，中國也害怕社交媒體。一則是擔心媒體對民眾產生同步化的力量，德國社會學家暨哲學家尤爾根·哈伯馬斯（Jürgen Habermas）在其出色但幾乎很難閱讀的著作《公共領域的結構轉型》（*Structural Transformation of the Public Sphere*）中指出，大眾媒體上演出的政治辯論，對精英們來說可是壞消息。這對中國來說更是心有戚戚焉，中國先前以蘇聯為榜樣，先是尋求指導，後來則把蘇聯當作一個警惕故事。自從赫魯雪夫譴責史達林，讓蘇聯領導階層士氣低落後，中國共產黨之間就有一個信條，領導者之間持續存在的意見不合，不應被公開傳播。這種信條導致官員個個風評良好，做了壞事東窗事發，被逮當天民眾才知情。

最近，這種對社交媒體的恐懼，已經出現實際案例。菲律賓前總統約瑟夫·埃斯特拉達(Joseph Estrada)下台，主要是因為民眾透過簡訊聯絡(民眾因為總統貪污，憤而走上街頭，此事讓中國大為警惕)。烏克蘭的橘色革命和摩爾多瓦的葡萄革命，這些前蘇聯統治的地區出現公民試圖脫離俄羅斯的勢力範圍，加入歐盟。一個民族挺身而出要求脫離專制現況，這對於任何名為人民共和國的國家來說，可是一個壞消息啊。

由於中國人口眾多本來就很棘手，加上人們對政治的期望擴大到將生活品質問題包含在內，審查制度無法再維持公共領域出現初期時的控制。這就是宣傳得以派上用場的時機。習近平在二〇一二年接掌國家主席時，首先提到中國夢，做為他執政的象徵。他還加倍強調，堅持中國夢「既深深體現了今天中國人的理想，也深深反映了先人們不懈追求進步的光榮傳統。」這種情操讓他可以把進步歸功在自己的領導，也能把進步跟傳統相提並論。不久後，頌揚中國夢的宣傳海報出現在中國各地，其中最有名的標誌是穿著紅絲綢、臉頰如蘋果般紅潤的女孩，胖胖的臉蛋靠在雙手上像在作夢般，凝視著觀看海報的人。

海報上的標題是「從早上到晚上，接近夢想」，幾乎沒有呼籲任何特定行動。中國夢的非經濟內容是一個大雜燴。有尊敬孔子（毛澤東可不喜歡孔子），強調古代中國保家衛國驅逐外敵，提及中國五千年的傳統和現代中國。中國歷朝歷代是輝煌的，毛澤東是光榮的，廢除毛澤東政策也是光榮的等等。尤其在都市地區，宣揚中國夢的看板無所不在，企圖製造社會團結的感受，不必向統治者保證要採取任何特定行動。

沒有人知道長遠來說，中國夢是否會改善社會凝聚力。即使考慮到政治預測的難度，中國的未來還是一個相當艱深的難題。問題不只是沒有人知道未來會發生什麼大事件，因為未來總會有驚奇出現。但預測中國未來這個問題更加重要。即使中國從現在到二〇二五年這十年間的進展沒有任何讓人跌破眼鏡的意外發生，我們也無法預測後續情況會如何演變。中國經濟成長是一大奇葩，中國在過去四十年達到的成就是史上前所未見。而中國的政治目標也一樣奇特，中國在過去十年達到的政治成就，同樣在史上無前例可循。

在工業化國家的歷史上，許多單一政黨制度都只持續到中年：日本自民黨、墨西哥革命制度黨、埃及民族民主黨，還有掌握政權逐漸年邁的獨裁者，古巴的卡斯楚（Castro），蒙古人民共和國的澤登巴爾（Tsedenbal），阿爾巴尼亞的霍查（Hoxha），加彭的邦戈（Bongo），以及其中的翹楚蘇聯共產黨。這些政黨和獨裁者都沒有執政滿七十五週年。如果中國共產黨在未來十年仍是不容爭議的政權，就會是第一個一黨專政如此長久的國家。沒有什麼自然法則限制獨裁政權只能持續七十年，但目前並無一黨執政國家持續那麼久的實例。無論未來十年會發生什麼事，許多完全合理的假設都將被推翻。

這種不確定性的一個小後果是，美國外交政策觀察人士必須學會不那麼傲慢自大（這種傲慢自大的習慣用在其他地區或許比較有利）。不過更重要的是，中國政府也不知道未來會發生什麼事。他們一直是最熱衷探討反獨裁起義的用功學生；蘇聯解體、十年後的顏色革命，以及阿拉伯之春，全都提供實例讓大家知道，看似穩定的政府竟然在幾個月（有時幾週）內垮台。二〇一三年，習近平交辦針對蘇聯解體進行一項新的研究，這是從史達林結束統治後，中國共產黨內人士就一直梗梗於懷也深感好奇的主題。習近平支持的理論似乎是，蘇聯解體是因為領導團隊無能，而不是因為體制有弱點。

理解那種不確定性提供一個方法，讓中國共產黨進行的許多其他行動都有意義。在習近平的領導下，以全面性的做法盡可能掌控任何可能替代政府的協調來源。不是只控制跟政府對立的協調來源，而是連替代政府的協調來源都要掌控。設法限制使用雙關語或時空穿越；勒令停辦電影節不是因為官方痛恨電影，而是因為擔心公眾集會；逮捕女權主義者並讓非政府組織交由公安局監管，這所有事情清楚地表明，中國政府最害怕的是中國人民動員集結，拒絕接受官方提供的中國夢，並要求一個新的中國夢。

8 山寨之王小米飽受山寨之苦

模仿是最真誠的奉承，但卻讓被模仿者的營收受損。廉價市場絕不會是蘋果的目標市場，但小米提供高品質和適中價位的能力，已經向其他銷售Android手機的公司顯示出，他們可以複製小米的模式。以更低的價格提供更好的硬體與軟體，這場競爭讓蘋果更難進入這個中階市場。

Little Rice

Smartphone, Xiaomi, and the Chinese dream

雖然中國已經「向商業開放！」一段時間，但即便現在，以觀光、種族和語言等方面來看，中國還是極其孤立。

說中國在觀光上是孤立的，似乎有些誇大，中國是全球入境旅遊的第四大國，排名在西班牙，法國和美國之後。但是在中國，一切都要以人口為分母來衡量。二〇一三年時，西班牙的遊客跟當地居民人數的比率為一五〇比一〇〇，等於遊客比當地居民還多，是當地居民的一點五倍。法國是一二〇比一〇〇，為一點二倍。到中國的遊客人數跟當地居民人數的比例呢？四比一〇〇，比率只有〇點〇四。而且，其中有許多遊客來自台灣或香港，這些華人必須使用護照進入中國大陸。

除了幾個大都市的國際社區，尤其北京、上海、深圳，看到外國面孔還是很稀奇的事。我住在中國最大也最都會化的城市，但我住的公寓那一帶幾乎沒有其他老外。即使現在，我在住家附近走走都會遭人側目。我的小孩還小時，路人會突然走過來拍拍他們的頭。孩子們很討厭這種舉動，但是這些路人只是好奇和覺得老外小孩很可愛才會這樣做。這種互動跟讓中國孤立的第二個來源有關，意即種族。中國是由數十個民族構成，有六百萬蒙古人，一千萬維吾爾人等等。但是中國十三億人口中，有十二億漢人。也就是說，中國人口有絕大多數是漢人，比例高達九二%，這種失衡比例在都市化的東部更為嚴重，漢人與其他民族的比率甚至超過十一比一。老年人和較小城鎮，不僅還有人從未接觸過外國人，也從未接觸過不同種族的人。

團結和差異的共同意識使中國更容易管理，因為人們把這種特殊感內化，這可以說明為何中國不允許人民投票選出國家領導人，或閱讀外國媒體資訊。真正信奉共產主義的後果就是，政府對團結的態度幾乎總是牽涉到某種族群性民族主義，以及不斷強調「中國五千年的歷史」，這種陳腔濫調的說法只是凝聚共識的一種口號。實際概念卻毫無意義，中國一直是一個王朝，一個共和國，一個失敗的國家，獨裁統治並僅在過去百年邁入技術官僚政治。再往前追溯，還有彼此交戰的國家與軍閥統治的歷代交替，國土疆界不斷變化的世紀。中國與西元前三千年的情況，在政治或文化上根本都沒有連續性。中小學生研讀的朝代表中，漏掉許多無人統治，但許多族群應該各有領導者的時期。儘管歷史不準確，聲稱如此龐大且持續發展的文化傳承，在政治上還是有用的。

同質化和孤立的特性一直是中國政府數百年來珍視的資產，目前政府面臨的緊張局勢是，如何繼續從開放獲得經濟價值，同時維持封閉的政治價值。這個問題通常發生在東亞。即使像寮國和越南等專制政府，也全面轉型到市場經濟。就連跟北韓一樣封閉的緬甸，最近也宣布向商業開放。美國人很訝異地看到，越南這個在戰爭中唯一擊敗美國的共產主義國家也向市場靠攏，即使民主主義失敗了，但資本主義卻贏了。中國的情況也一樣，資本主義不費一槍一彈，就把共產主義經濟學取代掉。（中國政府喜歡用「中國特色社會主義」稱之，理由可想而知。）

中國在戰敗時，還是堅守市場可以徹底開放市場，但政治維持封閉的做法。在鴉片戰爭輸給英國人後，清朝順利談成一項和平條約，外國人「大多只能在少數通商港口」活動，主要是在香港和上海兩地。在冷戰期間，中國明訂製作或散布國家精準地圖是非法行為（這種情況持續至今，消費裝置上的衛星導航定位地圖就故意出現誤差）。同樣地，中國必須處理中文和英文之間的語言障礙。中國本身就是英語的主要出口國之一，因為英語解決了中國的問題，就像英語解決歐洲的問題那樣。基於語言多樣性和世仇關係，中國不可能或不願意把街道路牌翻譯成泰文、韓文和日文，印度文、蒙古文和菲律賓塔加拉文更是少見。只要每個人都講同樣的第二語言，中國人就能將商品轉譯成這個語言，接觸到最大可能的市場。

這種情況引發中國對英語翻譯的重視。（我們當地游泳池告示牌上寫著，「非營業時間，請勿進入，因此產生的一切後果（Non business hours, please do no into, therefore all the consequences」。」這種英文雖然不標準，卻還是看得懂。）這也產生把羅馬字母當成格調的象徵，甚至把英文字當成印記，而不是字義看待，像我最喜愛的本地公司，這家化妝品公司就取了一個懷舊卻唸不出來的名字FANCL（芳珂）。還有我家珍貴的電鍋，說明書封面寫著「Read all instructions carefully（請仔細閱讀所有說明）」，那是整本說明書裡出現的唯一一句英文。推動英語教學的看板處處可見，從以商務人士為訴求的「華爾街英語」，到針對小孩的「美國寶貝國際英語」。儘管中國既需要英語也愛好英語，卻有一個同步運動限制英語的使用。

習近平打壓媒體進入更重要的新領域，其中一個早期跡象是，去年秋天境內為英語電影和英語電視節目提供非專業字幕的中國網站，全都突然被關閉。這種協調淨化的影響並不是跟限制有字幕電影的交流有關，中國市場盜版影音光碟犯濫可是聞名全球，官方這樣做是為了限制西方內容廣泛傳播或同步觀看所引發的威脅。跟網路影片不同，觀看影音光碟和上電影院看電影都要花錢，因此讓這種傳播的普及度受到限制。況且影音光碟也不能在社交媒體共享，但網址卻可以。也就是說，一部影片可以在不受政府過多監管的情況下，讓幾百萬人觀賞。中國政府更進一步依據付款能力，來區分出這個顛覆思想的市場，這可是讓其他政府望塵莫及。長久以來，各國政府通常採用的策略是，利用一切可能的自然和人為、語言和文化等障礙，來確保外人處於劣勢。

你可以從中國政府最近鎮壓虛擬私有網路（virtual private network, VPN）的舉動，看到這種模式。虛擬私有網路是將個人電腦與所發送目的地之間傳送的網路訊息加以隱藏，讓傳遞訊息不受各種電腦監視的一種方式。但從用戶的觀點來看，虛擬私有網路是一種產品，是你在電腦或手機上安裝的一個軟體（這樣區別雖然有點愚蠢，但卻很普遍）。你打開它就能取得被封鎖的資源，你把它關掉了，就看到中國國家互聯網信息辦公室要你看的網路內容。

虛擬私有網路使用一個中介服務，隱藏所有訊息再轉發出去。效果有點像我要透過美國郵政服務寄信給甲，但不想讓人知道，於是我寫信給住國外的友人乙，並把給甲的信一併放進去。乙收到信後，就幫我把信寄給甲。同樣地，虛擬私有網路服務供應商可以收到你的電腦傳送的一則訊息，並將它轉發給第三方，然後將結果傳回給你。所以，如果你在中國境內想使用Google（或在YouTube上觀看影片，或看推特推文），你就把電腦連接到國外

（譬如韓國或澳洲）的虛擬私有網路伺服器，並傳訊息給那台電腦說：「我想看這支YouTube影片。」然後，虛擬私有網路伺服器代表你連結YouTube，並將訊息傳回你的電腦，用這種加密方式，任何人都不知道這些訊息內容。通過這種間接連結，就好像你在長城防火牆鑿一個洞（虛擬），所以稱為穿牆或翻牆。

二〇一五年年初有新聞傳出，中國切斷虛擬私有網路服務。據報導，那則新聞是錯誤的。中國並沒有切斷虛擬私有網路的取用，只是切斷某些虛擬私有網路的取用，兩種說法差別很大。以中國官方的定義，提供虛擬私有網路服務的任何公司，就是在長城防火牆上鑿洞。我們不難想像，中國政府可能犯這種錯誤。但很難理解的是，中國政府對虛擬私有網路供應商究竟抱持什麼態度，因為所有虛擬私有網路的流量都轉到國外知名旅遊網站，中國可以立即切斷虛擬私有網路流量。他們不這樣做，是因為儘管虛擬私有網路被禁止，但中國卻需要它們。或者更確切地說，政府需要某些職級的員工能夠取用未經審查的網路。四十年來，中國跟其他國家交換構想和進行交易並從中獲利，這已經成為中國經濟不可或缺的部分，政府不能切斷這個賴以維生的管道。然而，政府也無法承受讓每個人都有機會取用這個管道。他們把網路開放取用當成氧氣，必要時才少量供應，供應過多或缺少都會致命。

只要防火牆繼續存在，那麼在教育水準高又富裕的中國，虛擬私有網路就無所不在。商務人士用它們取用Gmail和臉書等服務，孩子們用它們取用線上遊戲和色情片。虛擬私有網路就像網路的經濟特區，是中國劃分出一小部分，可以享有更多自由並減少監督。而且就像經濟特區那樣，中國擔心的是如何讓這種特區維持運作，卻不擴大延伸。然而跟經濟特區不同，虛擬私有網路不會固定不動。電子產品和軟體一年比一年更便宜也更容易使用，這樣精英和大眾之間建立的任何數位分界，可能在大眾也能直接上網後而發生改變。而且，這種改變的發生是透過虛擬私有網路。雖然中國大多數中產階級對於中國這種特意跟世界其他地方隔絕、受保護的內部網路感到滿意，但愈來愈多到國外旅遊或求學，或曾在國外工作的中國人，都想要不受限制地取用網路。虛擬私有網路供應商每月向用戶收費幾美元，就能協助提供這種無限制取用網路的服務，而且他們很樂意效勞。

這樣使用虛擬私有網路並不帶有抗議的意味存在，中國長久以來就有人民跨越各種障礙的慣例，從插隊買電影票到把警示路標視若無睹，防火牆只是其中一種障礙罷了。我跟許多翻牆上網的人交談過，大家都是因為某種緣故才這樣做，從商務人士到網路公司員工都有。大家的共識是，政府有權控制一般網路取用，但是當他們的特殊需求被那種控制抓到時，還是會感到氣憤。(「審查OK」,一位商務人士這麼說,「但別封鎖Gmail!我工作上需要用到Gmail啊!」)所以,中國在封鎖虛擬私有網路時,會針對最公開、一般人最常透過手機使用也最便宜的那種虛擬私有網路(因為公眾威脅也是透過這類網路發生)。中國不會封鎖較不廣泛使用、價格昂貴且大多在個人電腦上使用的那種虛擬私有網路(因為這是企業業務往來所需)。

當然,人們晚餐席間的許多談話都討論到哪些虛擬私有網路還能用。(我知道有人就訂閱五種不同的虛擬私有網路,以防其中一個被封鎖時,其他虛擬私有網路還能使用。)這樣做似乎能對抗政府的封鎖,但中國人跟往常一樣不想為難雙語公民或沿海精英。他們只是不想讓廣大民眾享受跟精英同等程度的自由。藉由鎖定大眾最常使用的虛擬私有網路,中國政府創造最大的遏止因素,知道哪些虛擬私有網路還有效的人,都不會公開說出來。對我來說,去微信上說:「哈囉大家,Herpaderp虛擬私有網路還能用喔」,就會讓Herpaderp很快被封鎖。所以,在中國官方開始打壓虛擬私有網路後,關於哪些虛擬私有網路還能用的資訊,就不會被公佈出來,如果你用的虛擬私有網路被切斷了,你必須認識如何跟這類網路重新連結的人。具備這類連結的人更有可能得到他們想要的東西,但他們更不可能公開抱怨,因為這等於一種共同義務。

精英們必須能跟外面世界聯繫，無論是為了進出口業務，或是滿足本身需求。數量驚人的權貴子女去美國上大學（習近平的女兒最近剛從哈佛大學畢業）。由於取得美國工作許可相對容易，人才流失是一個持續存在的低風險。同時，中國大多數人不被允許享有同樣程度的網路取用。政府希望維持避免一般民眾跟外界（尤其是跟在民主國家長大的中國人）溝通，並且防止民眾使用不在政府掌控內的工具，譬如臉書、推特和Meetup協調聯繫。大多數的社會都讓精英的生活，過得比老百姓更好，尤其照定義上來說更是如此。但中國的情況更複雜，因為他們堅持把這種雙重體系擴大到媒體，尤其是電子媒體。

當習近平政府繼續加緊對媒體環境的控制，而電子產品更便宜且功能更強大時，政府就更難維持精英與廣大民眾之間的平衡。政府允許前者取用外界網路，卻擔心後者取用外界網路而加以封鎖。小米突顯出這個問題。在中國市場舉足輕重當然具有一項重要優勢，但中國企業的全球化邏輯是，儘管中國市場比其他市場來得大，卻沒有比全球市場來得大。這些中國企業的目標是，將國內市場禁止的服務提供到其他地方。小米出貨的每支手機全都預先設定好支援虛擬私有網路。小米經營自己的臉書頁面、推特時間軸和YouTube頻道，這些網站在中國都被封鎖。他們為小米手機沒有安裝Google

應用程式而致歉。在中國國營企業裡，是以中國共產黨的言論做為評判員工對黨有多麼效忠的依據。在小米這種提供人們想要之物的公司，審查制度無非是讓公司多添一筆成本。小米自始至終感興趣的是，賣給用戶政府所能容許的最大自由。

同時，小米必須展現出本身想要成為政府期望的那種企業。小米在二〇一五年年中，召開本身共產黨委員會成立大會而上了新聞。小米這樣做讓政府有更直接的管道，瞭解並指導小米的策略。像銀行和電話公司等國營企業，以及醫院和學校這類國營組織，都必須設立這類黨委會。理論上，有三名以上共產黨黨員的私人企業也需設立黨委會，但是這項規定並沒有嚴格實施（小米多年來就一直沒設黨委會）。如果企業規模龐大或經營政府視為重要的服務，就不像其他企業那樣，可以選擇要不要設立黨委會。

黨委會的出現證明小米的規模和重要性，網路巨頭百度和騰訊也都有黨委會。但是，跟中國政府的關係愈密切，這家手機公司的政治立場就會更明顯。有些中國公民就在微博上發文表示對小米這種舉動的不屑。有一位網友問到：「問題來了，小米的員工應該聽從黨書記的命令或雷軍的命令？」另一個網友說：「呵呵，所以中國科技公司永遠不可能成為Google、維基百科，那種受全世界歡迎和推崇的公司。」

微博上有一則精心設計的留言，使用中國互聯網常用的雙關語：簡單翻譯就是「小米公司成立襠尾？聽說簡稱為：米共」，但貼文者以諧音的「襠尾」代表黨委，意思是「骻部」，而米共就是利用小米產品命名精心設計的調侃字眼。貼文的米共以小米的米字，加上共產黨的共字，但米跟共可以變成簡體字的「粪」（意即糞字，代表排洩物）。（跟先前幾則較短的貼文不同，這則貼文從此就被刪除。）

黨代表也可能在交易夥伴之間製造摩擦。二〇〇九年時，美國眾議院委員會調查中國電子公司華為。最終調查報告包含有關黨委會危言聳聽的言詞：「華為承認，中國共產黨在公司內部設立黨委會，但未能解釋黨委會代表黨做了什麼，或公司內部哪些人是黨委會成員。」一些幫共產黨員說話的語調更是天真，認為黨委會在中國的某些用意，就像在美國雇用說客的意思一樣。但是，這種說法同樣影響到華為在美國市場銷售自家產品的能力。美國跟中國一樣，樂於以國家安全為由，作為貿易政策的手段。小米不希望有這種摩擦發生，無論是來自中國用戶或外國用戶，但是隨著該公司日漸舉足輕重，加上政府對社交媒體日益關注，使得小米並沒有太多選擇。

由於中國政府的歷史仇恨和民眾目前對於通訊的需求，這種平衡操作對小米來說意謂著什麼？在商業方面，小米是以設計為主及服務導向的中國全球化企業初期致勝的實例。對小米的一億用戶來說，小米代表的意義遠超過取用便宜優質的產品。對米粉而言，小米代表一種年輕活力、一個不只跟廉價組裝有關的成功故事。對小米的投資人來說，小米這家公司的市值已是初期資金的一百八十倍，才營運幾年就有如此佳績算是相當不錯。這樣說來，小米只是數位世界裡另一個讓人不可置信的成功故事，跟蘋果、阿里巴巴、亞馬遜網站和騰訊一起，代表「現在生意這樣做才會成功」。

小米也代表世界將如何連結的某樣事物。手機是世上複雜多樣的商品中，最廣受青睞的類別，也大幅領先並擊敗唯一對手「汽車和電視」。同時，手機正成為連結世上大多數人口的普遍來源，更日漸成為除了面對面溝通外，各種溝通形式的途徑；並且是除實體畫作外，各種內容形式的呈現管道；以及除了討價還價外，各種交易形式的通路。拜手機之賜，開發中世界(亦即世界人口的極大部分)已經在過去二十年，能夠彼此溝通聯繫。在未來十年內，這群人大多會淘汰簡易型手機，改用有上網功能的智慧型手機。雖然蘋果公司發明智慧型手機，而三星讓智慧型手機廣為普及，但卻是小米向世界展示如何在精品手機和廉價手機之間，開闢一個攻守自如的市場，並擴大規模以滿足全球日益龐大中產階級持續增加的需求。

即使小米早期創業成功的驚人事蹟光環漸失，最後成為另一家電子產品製造商，但是小米已經保有五年的傳承：小米已經告訴大家，他們是怎麼做到的。小米就是二十一世紀製造企業的樣貌，是我們未來幾年會習以為常的企業類型之早期實例。藉由向顧客和競爭對手展現出，對用戶的持續關注和軟體不斷更新，就是提高顧客忠誠度的好策略。小米已經協助自己，將競爭戰場從顧客每隔幾年才會更新一次的硬體，轉變到小米可以每隔幾天就更新的軟體。數位裝置的重要成就是，軟體可以教導老舊裝置玩新把戲。這項成就正從個人電腦轉移到筆電，再轉移到手機上。因此到二〇二五年時，就會影響到世上每個人。不過，這可不是一場沒有輸家的革命，在二十一世紀的製造模式中，軟體導向、以服務為主導、透過線上銷售的情況下，很多製造商將成為輸家。

在這個小米面對最激烈競爭的類別（Android作業系統的智慧型手機類別），蘋果已經沒有立足之地。蘋果當然不需要任何憐憫。從許多方面來看，蘋果是世上最成功的企業。但是，以企業追求的這兩個夢想來說，一是事業做到相當成功，一是成為改變世界的組織，結果後者似乎透過模仿才發生。正如微軟抄襲蘋果的圖形用戶介面，而讓圖形用戶介面無所不在；蘋果率先推出智慧型手機、觸控螢幕和應用程式商店，但大多數人卻是透過蘋果競爭對手生產的手機，才體驗到這些功能。目前Android作業系統已經有十億用戶，這或許是iPhone永遠達不到的用戶人數。

而且，這些經濟因素正變得愈來愈不利，在二〇一〇年到二〇一四年這段期間，不綁約的iPhone平均價格從七百零二美元下跌到六百五十七美元，降幅稍微超過六%。同期內，不綁約的Android手機平均價格從四百四十一美元降到二百五十四美元，降幅高達四二%。這讓Android手機的平均售價只是iPhone的五分之二。模仿是最真誠的奉承，但卻讓被模仿者的營收受損。廉價市場絕不會是蘋果的目標市場，但小米提供高品質和適中價格的能力已經向其他銷售Android手機的公司顯示出，他們可以複製小米的模式。以更低的價格提供更好的硬體與軟體，這場競爭讓蘋果更難進入這個中階市場。

不過，至少高價手機享有高利潤。小米的出現對三星而言是更壞的消息。三星原先攻占成本—品質曲線的中間市場，並且是全球最大的手機製造商。但是在這個全球最大的市場中，三星的市占率卻逐漸下滑。三星在全球市場的占有率，一年內就下降三分之一，從二〇一三年最後一季的三〇%，到二〇一四年最後一季降到二〇%。這當然不是全由小米導致，小米才剛開始進軍全球市場。三星是被分析圖表上統稱為「三星、諾基亞和蘋果以外的製造商」挑戰，這是幾十家規模較小的製造商加總起來的力量。小米目前在這個類別中領先，而三星要承擔的風險是，這類別中有不少公司效法小米，整體競爭就會變得更加激烈。

而且，在消滅異己這種革命風氣中，如果有夠多這類「其他」製造商複製小米的成功模式，那麼小米可能成為自身成功的受害者。小米的前程似錦，因為便宜優質的智慧型手機是世上最廣受青睞的產品之一。但是，如同蘋果為Android手機開拓市場，小米也正在教導其他企業，如何在他們協助創造的市場中競爭。小米的公眾魅力和仰賴線上銷售控制行銷和銷售成本，並非難以複製的行為。隨著世界日漸富裕，智慧型手機從可有可無，變成幾乎人手一機。少數新興市場包括印度、巴基斯坦、馬來西亞、印尼，尼日、肯亞、巴西和墨西哥，將占智慧型手機銷售的大宗。身為一家設計導向的全球企業，小米要麼提供這些用戶他們想要的東西，不然就是表明把市場拱手讓給競爭對手。

小米之後，我們可能看到一小群熱情用戶能針對設計、除錯和改變品牌喜好提供龐大價值，並能看到中價產品的優良設計，在擁擠市場中創造顯著的價值。現在，競爭對手正在使用小米臻至完美的策略，開始襲擊小米。目前像中國的華為和中興以及台灣的HTC，都在改進設計和顧客服務並強調本身的線上銷售。另一個懷抱全球夢的中國品牌OnePlus，則是在硬體上跟小米競爭。其上市的第二支手機OnePlus 2（有一加二的意思），名稱很逗趣，售價跟小米4差不多，但手機儲存空間更大、螢幕也更大。其他公司像魅族（Meizu）和酷派（Coolpad），是在價格上跟小米競爭。魅族最近模仿小米，推出自有品牌的Android版本，還取了一個很古怪的名字Flyme作業系統（跟芳珂以FANCL為名的做法類似）。魅族手機也試圖透過較低的價格和更精美的設計，讓本身在市場中占有一席之地。只是他們的競爭對手不是三星，而是小米。魅族最近取得中國主要電子商務平台阿里巴巴的資金挹注。小米先前在光棍節時，就在阿里巴巴締造單日銷售量的驚人記錄。（阿里巴巴也投資小米。隨著中國的新創事業輩出，對投資者來說，投資互相競爭的企業並沒有利益衝突，只是外界看來很諷刺罷了。）位於深圳的酷派是已有二十年歷史的電子公司，主要業務是替其他品牌公司生產硬體（意即「委託代工」或稱OEM）。酷派最近推出一個消費品牌大神（Dazen），大神手機非常便宜也只在線上銷售。而且，魅族和酷派的手機都已經在印度銷售。

事實證明，小米身為本土品牌手機龍頭的民族主義訴求，也容易被複製。現在，印度企業也對來自中國的競爭做出回應。總部設在哈里亞納邦的Micromax推出新品牌Yu和名為Yuphoria的新手機，採用稱為CyanogenMod的Android精簡版本。跟小米一樣，這款手機只在線上銷售，也就是透過亞馬遜網站銷售。而且，Micromax利用自己的顧客論壇，吹捧本身軟體迅速更新。印度當地還有更多手機製造商，譬如Celkon、Obi和Wickedleak（Wammy手機的供應商）。（這些公司的硬體當然是從深圳採購的）。這個模式也散播到已開發世界的市場。法國手機公司Wiko，就是創辦人跟大家一樣在深圳採買零件時，突發奇想而有創辦公司的念頭。Wiko一開始在籌資上遇到困難，很少投資人相信一家新的歐洲手機公司能成功，因此他們接受中國製造商天瓏移動的投資資金。所以，Wiko大多是中資，由天瓏所有並供應零件。由於表面上是法國負責設計與行銷，因此法國人以為Wiko是本地企業。本土企業產生的興奮感，協助Wiko成為法國第二大手機廠商（跟其他國家的情況一樣，僅次於三星）。這保留了「他處設計，中國製造」的模式，但是由於採購和製造都由天瓏負責，因此目前Wiko公司所有權已轉移到中國。

如此激烈的競爭當然無法持續。GSMArena.com目前列出一百零三家手機廠商，你認識的人當中可能沒有人買過這些廠商的手機。（譬如：The BLU Studio Engergy、the Parla Zum Bianco、the Yezz Billy 4.7、the GLOFIISH等等。）由於這種「黑色玻璃面板」的設計相當普及，加上以觸控螢幕做為通用介面，因此讓太多手機公司目前能在市場上競爭。手機顛覆了破壞商場競爭的典型邏輯，手機是優良產品能迅速降價，不必等便宜產品改良品質的少數市場之一。未來五年，我們將會看到手機界出現一波整併和破產潮，除了蘋果以外的任何手機製造商，或多或少都會仿效小米的做法來求生存。

談完手機這個競爭激烈又侷限的市場後，對於硬體起家，仰賴單位銷售，沒有從事用戶參與又在實體店面銷售產品的製造商來說，小米的出現根本是一個壞消息。沒錯，總有一些產品要以那種方式製造和銷售，但是內建晶片的每種產品（這類別已日漸龐大）卻是先推銷服務再線上銷售的最佳候選人。當我們知道特斯拉（Tesla）公司，就連汽車這種任何人要買的最貴重製造物品都能線上銷售時，只有保護主義勢力能維持當地經銷商不受競爭影響。中國在這方面又擁有跨越性成長的優勢，因為本身所有商業基礎設施是最近才完成，新的做事方式可以在中國更快增生汰換。戴姆勒（Daimler）汽車公司決定嘗試在微信上，讓顧客閃購旗下適合都會環境的兩款兩人座小車，結果三分鐘內就賣出三百八十八輛車。想像一下，接下來可能就是在臉書上限時限量銷售了。

藉由證明一家中國企業能夠將全球宏願與優良設計結合，小米也預示著「他處設計，本地製造」的模式將逐漸落幕。小米在財務上的驚人成功，大到足以讓人們重新考慮原本對製造企業的刻板看法。透過產品尚未出現前先跟顧客互動，小米能一邊發展公司規模，一邊設法取得設計建議，並且不花錢就能幫自己推銷。利用以服務企業起家，後來順勢推出硬體產品，小米就能設計一個硬體管道，將本身產品範圍的複雜性維持在可管理的水準。利用只要以低成本就能進行的軟體頻繁更新，小米可以讓特定硬體組態在市場上存活更久。（這似乎是一個利基市場的具體化，但你的冰箱、電視、汽車都有軟體，以後就連你的外套、辦公桌和睡床也都會內建軟體。）小米已經投資中國家電公司美的（Midea），並且從空氣清淨機開始，正為該公司現有產品開創新的設計。小米正在把本身的擴展模式，應用到其他產品上，從運動記錄器到運動相機，以及大螢幕電視，還有即將推出的無人駕駛飛機。這所有物品都能透過軟體更新獲得改善。

小米的銷售模式也將被複製。線上銷售這股風潮正在徹底破壞原先的銷售制度，先從旅行社開始，然後是唱片行和影片出租店，接著是電子產品、書籍和遊戲，現在則是除了美甲和漢堡店以外，各種零售形式都採取線上銷售。零售銷售是不要求學歷、可在職訓練的僅存職業之一。零售自動化讓這個世界變成只在實體商店販售物品是一種迫於無奈的舉動（譬如：這種優格無法線上銷售，只能實體商店販售），或者只在實體商店販售物品不是簡單的服務，而是一種購物體驗（譬如：在這裡買芥蘭菜，可以讓你假裝很神聖）。只在線上銷售的模式並不是由小米首創，而是小米透過這種方式銷售和寄送非常昂貴的硬體產品，加上把實體零售的成本和風險轉嫁給合作夥伴，突顯出只在線上銷售的優勢。如果你明天要開一家公司，除非你的商品不得不透過實體店面銷售，否則你也會選擇線上銷售這種模式。

小米的模式適用於任何講究產品設計且產品具上網功能的市場。雖然所謂的物聯網（Internet of Things）才正在成形中，但事態已經很明朗，小米模式將是未來主要商業模式之一：與網路連接的任何設備都可以從服務產生足夠的收入，抵銷硬體成本。大家都知道小米創業初期利用百位用戶參與，以及他們不斷徵求回饋意見，將領先使用者創新的模式從開放來源軟體和運動裝備等極端案例，帶入世上最複雜也最廣為所需的產品之一，為手機提供功能和改進的建議。小米標示出「領先使用者創新」只發生在極端案例的情況已經結束，這種模式已開始進入主流產品市場。

對中國來說，小米帶來的既是機會，也是挑戰。小米證明中國企業現在可以在設計、服務和顧客滿意度等方面跟全球企業競爭。這對中國在世界經濟舞台上的地位，有巨大的提升作用。但是，小米本身軟體必須有兩個版本，一個版本專門為國內市場設計，限制顧客的上網自由；另一個版本在國外推出時就遇到專利糾紛和授權問題，並遭到國外政府的猜疑。小米的例子也說明，中國長久以來推行孤立政策引發日益增加的風險。你可以從這些數字大致瞭解專利聯盟（patent pool）的失衡狀況：小米在二〇一四年提出約一千項跟手機有關的專利申請。愛立信持有三萬五千個類似專利，其中許多專利涵蓋範圍不只手機連接網路這種基本層面。另外，依據開放原始碼授權協議，小米也可能因為不釋出本身產品的某些原始碼而面臨訴訟。如果小米真的想在美國銷售手機，這種不依照協議開放原始碼的行為，在美國很容易告上法院。中國對於本國企業面臨外國專利挑戰時，採取相對保護的做法，但這種做法在國外可就行不通。

預測中國的未來是一件吃力不討好的事。問題不只是預測未來本來就很困難，有些人會發表以「中國即將崩潰」為題的論文，有些人會發表以「中國：亞洲世紀的超級強權」為題的論述。問題在於，兩種論調都看似有理。目前，中國是擁有資源和體制，讓本身行為重要到可能影響全世界的極少數政治實體之一。但是中國也面臨一系列問題，如果現行制度打算持續十年以上，那麼現代史上沒有哪個一黨制，像中國這樣順利如己所願地維持這麼久。利用市場逐步解決極權政府，就像用火山噴發熔岩融化冰河水來泡一壺茶。要取得這種恰到好處的平衡是可能的，但保守和腐敗的勢力總是威脅要凍結進步，而成長如此迅速的經濟往往還有過熱的風險。這兩種威脅在過去四十年內都發生過，但中國一直有辦法及時重新維持平衡，讓黨持續掌權也讓經濟持續成長。

我們可以預測或至少可以注意的是，情勢的基本邏輯在何時出現變化。我們可以察覺中國原本身為世界工廠的態勢已近尾聲，改以全球市場新產品原創者的身分出現，這是我第一次不小心買了小米3，讓自己突然超酷一下所明白的事。中國能順利維持經濟開放、政治體系封閉，兩者各自運作正常的原因之一是，遵循相當明確的「你們設計，我們複製」這種模式。對於製造非政治商品的企業，就很容易擺脫這種模式。像海爾和格蘭仕這些中國企業，渴望成為全球家電品牌。但對小米來說就比較困難，因為小米佔據一個幾近獨特的定位，小米既提供簡單的硬體，也搭配複雜的服務。中國要求所有服務企業遵守這項策略：政府不希望公民享有的能力，服務企業就不能提供這類能力給消費者。結果，這項策略反而在中國公民無法看到世界各地其他消費者所能取用的資訊時，讓中國服務企業更有甜頭可嚐。但隨著小米及其他仿效業者讓事態更明朗化，表示他們很樂意、甚至迫切想為用戶提供任何境外用戶所能享有的自由，那麼在官方中國夢的環境下，小米的成功就成為更難以訴說的故事。

政府和小米之間並沒有發生權力鬥爭。事實上，小米的成功就是政府維持動態經濟所獲成就的佐證。然而，政府跟小米各自的目標卻背道而馳。手機公司賣的是自由，智慧型手機的可配置性更是加倍承諾要做到這樣。沒錯，中國市場的報酬龐大，但對懷抱全球野心的公司來說，光是這樣或許還不夠。中國雖然比任何單一市場都大，卻不比全球市場來得大。而且，要在中國市場和其他國家市場營運，來自雙邊的緊張關係也持續高漲。儘管有防火牆，中國企業卻不斷在臉書和Google上幫自己打廣告。我在上海求診的牙醫，就在診所前面的LED跑馬燈上，打上他的Gmail信箱。為了跟其他國家做生意，中國企業更必須懂得善用不可或缺但（理論上）無法提供的服務。

當這種轉變持續下去，我們不知道中國夢是否能讓民眾不需要政府不願或不能提供之物。中國共產黨早就停止聲稱他們已經發現世界各國人民遵循的道路。目前世上最值得注意的毛澤東主義組織，不是中國共產黨，而是秘魯共產黨（亦稱光輝道路，Shining Path）。隨著毛澤東的思想被廢止，加上人民對於共產主義為整頓社會提供任何普世理想的熱情早已熄滅，中國政府在人民心中的合法性，主要來自「國內生產總值表現如何？」。當那個時期結束（目前正在結束中），中國在開放與封閉之間努力取得平衡的行為，就跟一九七〇年代以來一直設法做到的任何事情一樣複雜。

「世紀」是人類發明的單位，跟手機和大麥克一樣都是人為、人造的。

但是，世紀是一個實用的指標。我們不知道我們曾孫那一輩的人，是否會把這個世紀當成亞洲的世紀。但是跟二十世紀貧窮和孤立讓亞洲國家，尤其讓中國對全球影響力微不足道的景況相比，二十一世紀確實更可以稱為亞洲的世紀。那種貧困時期正在結束，當中國最成功的新企業成為全球企業，你會在中國努力於開放和封閉之間求取平衡時，看到這個時期劃下句點。我們不知道這種新的連結對中國或世界來說，會產生怎樣的結果，但我們至少可以說：「我們不知道舊模式是何時結束的，但現在我們知道，它已經消失了。」

延伸閱讀

我們生活在以中國為撰寫主題的黃金時代。有熟知中國文化的一個世代身兼觀察者，他們生活在日益開放的中國，將以往「中國觀察」的老舊學問，轉變成更融入當地的深度報導。撰文者通常是實際參與中國當地生活的外籍人士。以下延伸閱讀，從有關當代中國的好書開始講起，再依照時間往前推移。

歐逸文（Evan Osnos）的著作《野心時代：在新中國追求財富、真相和信仰》（*Age of Ambition: Chasing Fortune, Truth, and Faith in the New China*）（台北：八旗出版）記述當普通百姓也開始嚮往非比尋常之物時，中國社會的迷惘與轉變。這個國家除了原本的精英雄心萬丈外，就連百姓們也開始野心勃勃，加上人口統計和經濟方面的巨大變化，改變中國的許多規範。歐逸文完美捕捉到這些改變帶來的興奮與破壞。這本書堪稱瞭解中國現況的最佳著作。

何偉（Peter Hessler）的著作《甲骨文：一次占卜現代中國的旅程》（*Oracle Bones: A Journey Between China's Past and Present*）（台北：八旗出版）對於中國

領土較早的樣貌，做出類似的檢視。何偉的書是比歐逸文更早十年的研究，著眼於中國從幾十年前在政治和經濟上遭逢困境，到政局逐漸穩定進而成長，其間經歷的加速改變。何偉的另一本書《尋路中國：長城、鄉村、工廠，一段見證與觀察的紀程》（*Country Driving: A Journey Through China from Farm to Factory*）（台北：八旗出版）也是傑出之作，真正深入中國老百姓的生活，檢視中國從農村邁入都市化社會的轉變歷程。

詹姆斯．法洛斯（James Fallows）從二〇〇〇年起那幾年內，擔任《大西洋通訊》（*The Atlantic*）中國特派員，他將那段期間的觀察集結成《來自明天廣場的明信片：中國報導》（*Postcards from Tomorrow Square: Reports from China*）（Vintage, 2008），書名暗指中國的未來以及他在上海居住的明天廣場一帶。（書中章節〈中國製造，世界買單〉〔China Makes, the World Takes〕是對珠江三角洲工業化的製造重鎮所做的早期研究）。法洛斯的另一本著作《中國航空》（*China Airborne*）（Pantheon, 2012），透過空中旅行的觀點，檢視中國在經濟和社會等方面的改變，而經濟和社會都是中國生活的一部分。

創造當代中國的許多變革是由鄧小平推動的，他是帶領中國擺脫毛澤東時代的領導者。傅高義（Ezra Vogel）的著作《鄧小平與中國的變革》（*Deng Xiaoping and the Transformation of China*）（Belknap Press, 2011）是瞭解鄧小平和中國在毛澤東去世後如何轉變的最佳指南。（這本書令人詬病的一點是，作者在最後幾章將一九八九年天安門起義淡化為一場「悲劇」，而非大屠殺。）

先前介紹這些書籍主要論述毛澤東死後中國出現的驚人變化，但是沒有哪個時代是從零開始。鄧小平和毛澤東都繼承中國歷代形成的許多文化和政治的特質。史景遷（Jonathan Spence）的《追尋現代中國》（*The Search for Modern China*）（台北：時報出版）從十七世紀（大約與歐洲西北部現代化同時發生）開始研究，追溯中國如何發展成為一個現代官僚國家。這本書論述到鄧小平執政初期為止。書中最精彩的部分是，十八世紀和十九世紀的文化與政治，對中國在二十世紀前半時期的動盪產生何種影響。

如果你想迅速瞭解中國歷史，可以參考哈佛大學以「中國」為名，共分十個單元的線上課程。這課程由彼得·波爾（Peter Bol）和威廉·柯比（William Kirby）兩位教授授課，由知名媒體人克里斯托弗·萊登（Christopher Lydon）講述。「中國」這課程讓你瞭解中國從史前時代到今日的歷史，你也可以連結這個網站，點選自己有興趣瞭解的時期：https://www.edx.org/xseries/china-civilization-empire。

雷小山（Shaun Rein）的著作《山寨中國的終結：創造力，創新和個人主義在亞洲的崛起》(*The End of Copycat China: The Rise of Creativity, Innovation, and Individualism in Asia*)(Wiley, 2014)記錄中國商業環境的變化，從製造他處設計的產品，轉型為製造本地設計的創新產品。這本書遵循商業書的慣例(為讀者列出關鍵行動事項)，光是閱讀論述當地如何適應日益嚴重污染那章就值回票價。

顧問謝祖墀(Edward Tse)的著作《創業家精神：阿里巴巴、小米、騰訊和其他企業如何改變商場規則》(*China's Disruptions: How Alibaba, Xiaomi, Tencent, and Other Companies are Changing the Rules of Business*)(Portfolio, 2015)涵蓋類似主題，記錄像小米和海爾這類具有全球競爭力的公司如何崛起。謝祖墀對於中國網路企業向中國以外市場的擴展，不像我那樣抱持質疑的態度，但這本書是瞭解中國創業成功故事的絕佳好書。

中國媒體激增前所未見，人們迅速且大規模地使用媒體，後續引發共產黨設法監測和控制媒體，就是謝淑麗(Susan Shirk，我們倆人姓氏差一個y，但彼此並無關係)撰寫《改變中的媒體，改變中的中國》(*Changing Media, Changing China*)(Oxford University Press, 2010)的主題。謝淑麗記錄中國從沒有新聞、只有宣傳，進而擁有一個充滿活力但競爭激烈的公共領域，所經歷的種種轉變。

艾米莉・帕克（Emily Parker）也針對這個獨裁政權的政治歧見，寫出這本出色好書《我知道誰是我的同志：來自地下網路的聲音》（Now I Know Who My Comrades Are: Voices from the Internet Underground）（Sarah Crichton Books, 2014）。這本書涵蓋三個國家：中國、古巴和俄羅斯，但以講述中國的部分為主軸，並集中在民運活動家趙靜的論述（趙靜在中國境外以麥克・安替〔Michael Anti〕自稱）。

我們也生活在中國相關報導定期出現的黃金時代，因為熟知內情的人士每天或每週分享他們的見解。

為了我的荷包著想，瞭解中國日常政治和經濟問題的最重要資源就是比爾・畢曉普（Bill Bishop）主編的中國電子報《外國人看中國》（*Sinocism.com*）。這份電子報不但免費，而且每週大約出刊三次。畢曉普先前一直住在北京，最近才搬回美國。他篩選數量驚人的英文報導和中文消息，挑選並列出一個簡短的文章清單，同時加註一段個人見解評論。他博學多聞、彬彬有禮又愛冷嘲熱諷（因此電子報的英文標題才取名為sinocism，有評論中國之意）。

郭怡廣（Kaiser Kuo）是中國當代觀察的另一個來源。他是中國搜尋網站龍頭百度的國際公關總監，每週主持播客《中國》（*Sinica, popupchinese.*

com/lessons/sinica），邀請來賓討論當代中國，通常討論跟媒體有關的事件和趨勢。郭怡廣也是作品數量驚人且備受推崇的評論家，在問答網站Quora（quora.com/Kaiser-Kuo）發表跟中國主題有關的評論。

八八吧（88-bar.com）是由包括安曉敏（An Xiao Mina）在內的一群核心藝術家和社會科學家經營的網站。安曉敏研究中國流行文化，特里西婭・王是中國技術運用的人種誌學者。八八吧發文時間不固定，但是每篇評論通常相當值得一讀，已發表評論的檔案也很有意思。

亞洲協會（Asia Society）發行的雜誌《中參館》（*chinafile.com*）是討論當代中國的重要來源。他們的圓桌編排方式，針對時下問題收集許多見聞廣博且意見紛歧的觀點，特別值得細究。

China Smack（chinasmack.com）將中國社交媒體上最受關注的文章譯成英文。全球之聲（globalvoices.org/-/world/east-asia/china/）也翻譯中國部落客的貼文，但是China Smack偏向流行趨勢，全球之聲則是政治取向。

最後，如果讀者有興趣瞭解中國媒體環境的最新消息，中國互聯網觀察（China Internet Watch, chinainternetwatch.com）涵蓋主流商業觀察，而中國數字時代（china-digitaltimes.net）則是追蹤中國共產黨發展現況，瞭解政府對網路審查與宣導等方面做法所不可或缺的來源。

參考文獻

p.10 新增到這個簡短清單上的第一項發明：*"The anthropology of mobile phones," by Jan Chipchase, TED Talks, March 2007. http://www.ted.com/talks/jan_chipchase_on_our_mobile_phones*

p.11 有史以來最迅速普及的消費性硬體產品：*"There are now more gadgets on Earth than people," by Eric Mack, CNET, Oct. 6, 2014. http://www.cnet.com/news/there-are-now-more-gadgets-on-earth-than-people/*

p.11 肯亞的漁民用手機：*"Fish traders land bigger returns with market tracking system," by Dalton Nyabundi, Business Daily Africa*, Jan. 1, 2014. http://www.businessdailyafrica.com/Fish-traders-land-bigger-returns-with-market-tracking-system/-/1248928/2131390/-/agyo6i/-/index.html

p.11 去年已突破四十五億："Number of mobile phone users worldwide from 2012 to 2018 (in billions)," Statista. http://www.statista.com/statistics/274774/forecast-of-mobile-phone-users-worldwide/

p.11-12 二〇一四年的手機普及率是百分之六十六……使用率不到百分之二十五："Mobile cellular subscriptions (per 100 people)," Index Mundi. http://www.indexmundi.com/facts/indicators/IT.CEL.SETS.P2/

p.14-15 二〇一四年打敗三星，在世界最大市場奪下手機供應商龍頭寶座："The China Smartphone Market Picks Up Slightly in 2014Q4, IDC Reports," International Data Corporation, Feb. 17, 2015. http://www.idc.com/getdoc.jsp?containerId=prHK25437515

p.15 中國第三大電子商務公司："Xiaomi CEO: Don't call us China's Apple," Reuters, August 15, 2013.

http://www.reuters.com/ video/2013/08/15/xiaomi-ceo-dontcall-us-chinas-apple?videoId=249009264&videoChannel=5

p.15 以三十六億美元買下Mi.com這個網址："Xiaomi widens foreign horizons," *China Daily*, April 23, 2014. http://www.chinadaily.com.cn/business/tech/2014-04/23/content_17458388.htm

p.15 全球線上購物單日成交金額最高的節日："China's One-Day Shopping Spree Sets Record in Online Sales," by Shanshan Wang and Eric Pfanner, *New York Times*, Nov. 11, 2013. http://www.nytimes.com/2013/11/12/business/international/online-shopping-marathon-zooms-off-the-blocks-in-china.html

p.15 有一百二十萬支是小米手機："Xiaomi sold nearly 1.2 million phones during China's 24-hour sales bonanza," by Steven Millward, Tech in Asia, Nov. 13, 2014. https://www.techinasia.com/xiaomi-sold-over-1-million-phones-during-china-singles-day-sales/

p.15 中國每八支Android手機，就有五支是小米手機："Xiaomi has 5 out of the Top 8 Most Activated Android Smartphones," by Alexander Maxham, Android Headlines, Feb. 12, 2015. http://www.androidheadlines.com/2015/02/xiaomi-5-top-8-activated-android-smartphones.html

p.16 募得四千一百萬美元："Chinese smartphone maker Xiaomi confirms new $216 million round of funding," by Jon Russell, The Next Web, June 26, 2012. http://thenextweb.com/asia/2012/06/26/chinese-smartphone-maker-xiaomi-confirms-new-216-million-round-of-funding/

p.16 有史以來最有價值的新創公司："Xiaomi Becomes World's Most Valuable Tech Startup," by Juro Osawa, Gillian Wong, and Rick Carew, *Wall Street Journal*, Dec. 29, 2014. http://www.wsj.com/articles/xiaomi-becomes-worlds-most-valuable-tech-startup-1419843430

p.18 大麥克指數："The Big Mac index," *The Economist*, Jan. 22, 2015. http://www.economist.com/content/big-mac-index

p.23 以中國網路審查為探討主題的研究：“China’s Censorship 2.0: How companies censor bloggers,” by Rebecca MacKinnon, *First Monday*, Vol. 14, No. 2, Feb. 2, 2009. http://firstmonday.org/article/view/2378/2089

p.25 資訊流動的表現可能跟貨幣流動較為類似：“Google CEO: China’s Internet censorship will fail in time,” by Michael Kan, IDG News Service, Nov. 4, 2010. http://www.computerworld.com/article/2513905/internet/google-ceo--china-s-internet-censorship-willfail-in-time.html “China’s censorship can never defeat the internet,” by Ai Weiwei, the *Guardian*, April 15, 2012. http://www.theguardian.com/commentisfree/libertycentral/2012/apr/16/china-censorship-internet-freedom

p.26 當局砸更多錢搞好內部安全，這方面的花費甚至超過軍事投資：“China hikes defense budget, to spend more on internal security,” by Ben Blanchard and John Ruwitch, Reuters, March 5, 2013. http://www.reuters.com/article/us-china-parliament-defence-idUSBRE92403620130305

p.28 招募共青團的成員……中山大學：“Wanted: Ten million Chinese students to ‘civilize’ the Internet,” by Xu Yangjingjing and Simon Denyer, *Washington Post*, April 10, 2015. http://www.washingtonpost.com/blogs/worldviews/wp/2015/04/10/wanted-ten-million-chinese-students-to-civilize-the-internet/

p.28 共青團有五分之一的成員：“Leaked Emails Reveal Details of China’s Online ‘Youth Civilization Volunteers,’ by Patrick Wong, Global Voices, May 25, 2015. http://globalvoicesonline.org/2015/05/25/leaked-mails-reveal-details-on-chinas-online-youth-civilization-volunteers/

p.29 「撕裂社會共識」：“Army Newspaper: We Can Absolutely Not Allow the Internet Become a Lost Territory of People’s Minds,” China Copyright and Media, May 13, 2015. https://chinacopyrightandmedia.wordpress.com/2015/05/13/army-newspaper-we-can-absolutely-not-allow-the-internet-become-a-list-territory-of-peoples-minds/ Originally published in Chinese in the *People's Liberation Army Daily*, May 12, 2015. http://news.mod.gov.cn/headlines/2015-05/12/content_4584573.htm

p.29 長久爭論不休的國家安全法：“National Security Law,” Section 4, Article 59, China Law Translate. http://chinalawtranslate.com/en/2015nsl/

p.39 「狂熱」粉絲……「海量」粉絲：“Fan-centric social media: The Xiaomi phenomenon in China,” by Chao-Ching Shih, Tom M.Y. Lin, and Pin Luarn, *Business Horizons*, Vol. 57, Issue 3, May–June 2014, pp. 349–358. http://www.sciencedirect.com/science/article/pii/S0007681313002140

p.43 繼續使用比較簡單的「陽春版」手機和翻蓋手機：“Nokia new models out,” by Zheng Lifei, *China Daily*, June 26, 2009. http://www.chinadaily.com.cn/bizchina/2009-06/26/content_8325265.htm

p.53 廣為流傳的報告：“Testing the Xiaomi RedMi 1S,” F-Secure, August 7, 2014. https://www.f-secure.com/weblog/archives/00002731.html

p.53 把數據共享與訊息等功能預設為關閉：“MIUI Cloud Messaging & Privacy,” by Hugo Barra, Google+, August 10, 2014. https://plus.google.com/+HugoBarra/posts/bkJTXzyXXmj

p.53 印度空軍要求本身人員不要購買小米手機：“Updated: Xiaomi spying on users and forwarding personal information to China says IAF,” by Aparajita Saxena, MediaNama, Oct. 22, 2014. http://www.medianama.com/2014/10/223-xiaomi-spying-on-users/

p.53 個資被傳回小米在北京總公司的伺服器：“Xiaomi underinvestigation for sending user info back to China,” by Liu Jiayi, ZDNet, 133 Sept. 11, 2014. http://www.zdnet.com/article/xiaomi-under-investigation-for-sending-user-info-back-to-china/

p.53 銷售用戶號碼給電話行銷業者：“Singapore Investigating Data Complaint Against Xiaomi,” by Newley Purnell, *Wall Street Journal*, August 15, 2014. http://blogs.wsj.com/digits/2014 /08/15/singapore-investigating-data-complaint-against-xiaomi/

p.54 「這是剽竊，這是偷懶」：“Apple's Jony Ive Is Not Flattered By Xiaomi,” by Kyle Russell, Tech Crunch, Oct. 9, 2014. http://techcrunch.com/2014/10/09/apples-jony-ive-is-not-flattered-by-xiaomi/

p.65 貴州省有四個小孩……而自殺：“Chinese police 'find suicide note' in case of 'left behind' children deaths,” by Tom Phillips, the *Guardian*, June 14, 2015. http://www.theguardian.com/world/2015/jun/14/chinese-police-investigating-deaths-of-left-behind-children-find-suicide-note

p.81 二〇一一年時，小米其實沒有利潤可言：“China's Xiaomi booked $56 million profit in 2013,” by Gerry Shih, Reuters, Dec. 16, 2014. http://www.reuters.com/article/2014/12/16/us-xiaomi-financials-idUSKBN0JT07Y20141216

p.83 四秒內就讓四萬支主打平價路線的紅米1S銷售一空：“Xiaomi sells 40,000 Redmi 1S phones in 4 seconds in India,” by Aloysius Low, CNET, Sept. 2, 2014. http://www.cnet.com/uk/news/xiaomi-sells-out-40000-redmi-1s-in-4-seconds-in-india/

p.92 「小米的使命是改變世界對中國產品的看法」：“Xiaomi, China's New Phone Giant, Takes Aim at World,” by Eva Dou, *Wall Street Journal*, June 7, 2015. http://www.wsj.com/articles/xiaomi-chinas-new-phone-giant-takes-aim-at-world-1433731461

p.110 而且是多很多：前者為六十八億噸，後者為四十五億噸：“How China used more cement in 3 years than the U.S. did in the entire 20th Century,” by Ana Swanson, *Washington Post*, March 24, 2015. http://www.washingtonpost.com/blogs/wonkblog/wp/2015/03/24/how-china-used-more-cement-in-3-years-than-the-u-s-did-in-the-entire-20th-century/

p.118 「深深體現了今天中國人的理想」：“Chinese Dreams,” by Geremie R. Barmé, The China Story. http://www.thechinastory.org/yearbooks/yearbook-2013/forum-dreams-and-power/chinese-dreams-zhongguo-meng-%E4%B8%AD%E5%9B%BD%E6%A2%A6/

p.125 中國人口有絕大多數是漢人：“The World Factbook: China,” Central Intelligence Agency. https://

www.cia.gov/library/publications/the-world-factbook/geos/ch.html

p.128 最近鎮壓虛擬私有網路：“China intensifies VPN services crackdown,” by Charles Clover, *Financial Times*, Jan. 23, 2015. http://www.ft.com/intl/cms/s/0/46ad9e26-a2b9-11e4-9630-00144feab7de.html

p.137 三星的市占率：“Smartphone Vendor Market Share, Q1 2015,” International Data Corporation. http://www.idc.com/prodserv/smartphone-market-share.jsp

小米：智慧型手機與中國夢

Little Rice: Smartphone, Xiaomi, and the Chinese dream

作　　者　克雷．薛基 Clay Shirky
譯　　者　陳琇玲
總 編 輯　周易正
美術設計　李君慈
內頁美編　黃鈺茹
行銷業務　華郁芳、郭怡琳
印　　刷　崎威彩藝

定　　價　240元
I S B N　978-986-93588-9-7
2017年1月　初版一刷

出 版 者　行人文化實驗室
發 行 人　廖美立
地　　址　10049台北市北平東路20號5樓
電　　話　＋886-2-2395-8665
傳　　真　＋886-2-2395-8579
網　　址　http://flaneur.tw

總 經 銷　大和書報圖書股份有限公司
電　　話　（02）8990-2588

國家圖書館出版品預行編目資料

小米：智慧型手機與中國夢／克雷．薛基著；陳琇玲譯．—初版．—台北市：行人，2017.2
160面；14.8×21公分
譯　自：Little Rice : Smartphones, Xiaomi, and the Chinese dream
ISBN 978-986-93588-9-7（平裝）

1.無線電通訊業 2.經濟預測 3.中國

484.6　　106000686